基于 3S 技术的东北漫岗
黑土区沟道侵蚀研究

胡　刚　著

U0364500

科学技术文献出版社
SCIENTIFIC AND TECHNICAL DOCUMENTATION PRESS
·北京·

图书在版编目（CIP）数据

基于 3S 技术的东北漫岗黑土区沟道侵蚀研究／胡刚著．—北京：科学技术文献出版社，2016.2

ISBN 978-7-5189-0970-4

Ⅰ.①基… Ⅱ.①胡… Ⅲ.①水土流失—防治—研究—东北地区 Ⅳ.①S157.1

中国版本图书馆 CIP 数据核字（2016）第 017286 号

基于 3S 技术的东北漫岗黑土区沟道侵蚀研究

策划编辑:崔灵菲 责任编辑:王瑞瑞 安子莹 责任校对:赵 瑗 责任出版:张志平

出　版　者	科学技术文献出版社	
地　　　址	北京市复兴路 15 号　邮编　100038	
编　务　部	（010）58882938，58882087（传真）	
发　行　部	（010）58882868，58882874（传真）	
邮　购　部	（010）58882873	
官 方 网 址	www.stdp.com.cn	
发　行　者	科学技术文献出版社发行　全国各地新华书店经销	
印　刷　者	虎彩印艺股份有限公司	
版　　　次	2016 年 2 月第 1 版　2016 年 2 月第 1 次印刷	
开　　　本	850×1168　1/32	
字　　　数	215 千	
印　　　张	8.375　彩插 4 面	
书　　　号	ISBN 978-7-5189-0970-4	
定　　　价	35.00 元	

前　言

　　土地是人类赖以生存的宝贵资源，全球性的土地退化是人类社会可持续发展面临的主要障碍之一，土壤侵蚀严重制约着全球社会经济持续发展。它带来的许多负面影响严重制约了土地生产力的发挥，并导致了生态环境的恶化，而土壤侵蚀是导致土地资源退化乃至彻底破坏的主要原因，其中沟蚀是土壤侵蚀的重要组成部分。在我国很多地区，如东北黑土区和黄土高原沟蚀相当严重，侵蚀沟侵蚀产沙量可占到流域产沙量的50%~80%，甚至更多。有鉴于此，沟道侵蚀防治成为《全国水土保持规划（2015—2030）》专项综合治理的主要内容之一。

　　东北黑土区是我国重要的商品粮生产基地之一，但经过多年开垦，土地退化严重，主要表现为表层黑土的急剧流失和沟壑的迅猛扩张，使我国东北黑土地面临由"北大仓"向"北大荒"转变的危险。东北黑土区现有大型侵蚀沟25万多条，其中绝大部分分布于坡耕地上，侵蚀沟侵蚀耕地达48.3万hm^2，黑土区每年因侵蚀沟发育而损失的粮食就高达36.23亿kg，约占到其向国家提供商品粮的10%。由此可见，东北黑土区侵蚀沟的发生发展严重威胁着国家粮食安全并制约了区内社会经济的可持续发展。

　　与细沟侵蚀和坡面侵蚀研究相比，目前我国对发育在更大时空尺度上的侵蚀沟研究相对薄弱，当前无论是经验型土壤侵蚀模型或机制性土壤侵蚀模型，都没有专门针对沟蚀的。由此可见，东北黑土区侵蚀沟的研究，对于确保我国商品粮基地粮食生产安全和区域可持续发展及科学认识侵蚀沟侵蚀发育规律都具有重要意义。

本书以位于小兴安岭向松嫩平原过渡的漫川漫岗地带为例，基于 3S 技术平台，结合土地详查资料和野外流域沟蚀调查，分析研究了东北黑土区的垄沟、浅沟和切沟的侵蚀速率、发育影响因素及其发育模式、流域沟蚀状况及其预测等。全书共分为 9 章。第 1 章绪论，介绍了本研究的背景及国内外相关研究进展，并对本研究的研究目的和研究内容进行了说明；第 2 章为研究区域和研究方法，特别是针对本研究中所采用的野外差分 GPS 测量手段和步骤进行了说明；第 3 章对大比例高精度沟道 DEM 的构建及构建过程中约束算法的影响进行了分析和讨论；第 4 章对黑土区由于采用垄作耕作方式而产生的垄沟侵蚀进行了测量分析；第 5 章对定点监测的切沟侵蚀速率进行了讨论，分析了影响切沟发育的因素和黑土区特有的切沟侵蚀发育模式；第 6 章结合航卫片和土地利用调查资料，对中长期的切沟发育变化进行了讨论，并对切沟产生的原因进行了分析；第 7 章以两个典型小流域为例，对分布其中的细沟、浅沟和切沟形态和分布特征进行了分析讨论；第 8 章在介绍预测沟蚀分布的地貌临界模型由来的基础上，分析确定了研究区域的地貌临界模型参数，并对其进行了应用讨论；第 9 章总结了本研究取得的主要成果。

因水平有限，本书中疏漏之处在所难免，恳请使用本书的教师、科研人员、学生等提出宝贵意见。

著者

2016 年 1 月

目　　录

图表目录

第1章 绪 论

1.1 研究背景

土地是人类赖以生存的宝贵资源，全球性的土地退化是人类社会可持续发展面临的主要障碍之一（于伟，2002），土壤侵蚀严重制约着全球社会经济持续发展（郑粉莉等，2004）。它带来的许多负面影响严重制约了土地生产力的发挥，并导致了生态环境的恶化，而土壤侵蚀是导致土地资源退化乃至彻底破坏的主要原因（史培军等，1999；刘宝元等，1999），人们已经认识到加速的土壤侵蚀是人类面临的一个全球性的严重问题（Renschler 等，1999）。土壤侵蚀过程包括溅蚀、片蚀和沟蚀（朱显谟，1956），沟蚀表现为地表径流集中冲刷土壤及其母质，并下切形成沟道，在土壤侵蚀过程中是最严重的一个阶段，它破坏坡面、蚕食耕地，对土地资源危害极大（陈永宗等，1988）。沟蚀所形成的现行排水排沙渠道为侵蚀沟道（景可，1986）。

野外证据表明，径流小区上所测得的面蚀和细沟侵蚀并不是一个指示土壤侵蚀总量的理想指标，更大空间尺度上发育的沟道代表了沉积物的一个重要物源。国外的研究表明，沟道侵蚀可占土壤侵蚀总量的 30%~40%，甚至达到 90% 以上（Poesen，1998；Rydgren，1990），国内景可等（1986）的研究也表明沟谷侵蚀产沙可占流域产沙总量的一半以上。正如 Dirk J. 等（2000）指出的，沟道侵蚀是土地退化的主要过程之一。

黑土地的耕作层以其有机质含量高、土壤肥沃、土质疏松、适宜耕作而为世人所知。黑土区主要指黑土、黑钙土、暗棕壤、草甸土、棕壤、棕色针叶林土等几种土壤所覆盖的区域。目前，地球上共分布着三大块宝贵的黑土区：一块在欧洲，主要分布在东欧的乌克兰大平原，面积大约 190 万 km^2；一块在北美洲，主要分布在美国的密西西比河流域，面积大约 120 万 km^2；第三块在亚洲，主要分布在我国东北地区的松辽流域，称为东北黑土区，面积 103 万 km^2（沈波等，2005）。我国东北黑土区主要分布在黑龙江、吉林和内蒙古三省（自治区）内，位于大兴安岭以东，小兴安岭以南，长白山地以西的松嫩平原、三江平原和山前丘陵区，其中面积主要集中在黑吉两省内。我国人口众多，资源相对缺乏，而且全国每年还新增人口 1000 万左右，相应耕地却减少 1300 万亩（1 亩 = 666.67 m^2）左右，人多地少的矛盾决定了粮食问题始终是关系我国经济社会健康发展和社会稳定的重大战略问题。东北黑土区是我国重要的商品粮基地，每年向国家提供商品粮约 350 亿 kg，其中大豆产量占全国总产量的 37%，玉米产量占全国总产量的 53%，在我国具有不可替代的重要地位（http://www.cnscm.org/ztsc/2003nqgstbcgzhy/200303/t20030324_63762.aspx）。据 20 世纪 80 年代土壤普查结果（全国土壤普查办公室），黑吉两省的黑土耕地面积为 1.69 亿亩，占全国耕地面积的 10.6%。1998 年统计结果表明两省粮食总产量占到全国粮食总产量的10.8%（国家统计局）。可见黑土地对我们这个人均占有耕地不到世界平均水平43%的人口大国尤为重要，是我国的重要战略资源，对确保我国未来粮食安全具有重要意义。

东北黑土区开垦历史相对较短，多为100年左右，有些地区仅有50多年，但开垦以后土壤侵蚀十分严重，退化速度加快。经过数十年的开垦，目前东北黑土区水土流失严重且发展迅速，其潜在危险性被列为全国首位（孟令钦等，2009）。水利部松辽水利委员会的一项最新调查显示，我国肥沃的东北黑土地正面临着由"北大仓"向"北大荒"转变的危险。相关资料表明，1956—1959年中苏联合考察时，东北黑土厚度中值为55 cm，1973—1978年中科院南京土壤所调查黑土厚度中值为45 cm，1979—1983年第二次全国土壤普查黑土厚度中值为40 cm，调查结果表明黑土厚度明显变薄。目前该区水土流失日趋严重，每年流失土层厚度为0.3~1 cm，按照目前土壤的侵蚀速率发展，40~70年内，黑土将流失殆尽（阎百兴等，2007）。

现有水土流失表现形式主要为侵蚀沟的恶性扩张和黑土表层的急剧流失。目前东北黑土区的切沟侵蚀十分严重，据初步统计，黑土区内现有侵蚀沟295 000余条（李智广等，2013），侵蚀耕地达600多万亩，每年因侵蚀沟造成的粮食损失近40亿kg（武龙甫，2003；刘兴土等，2009），约占其向国家提供商品粮的10%。从1965年到2005年，平均每2 km²范围内就有一条新的侵蚀沟出现（闫业超等，2010）。东北黑土区侵蚀沟的发生发展严重威胁着国家粮食安全并制约了区内社会经济的可持续发展，是造成黑土地区水土流失的主要原因之一，严重威胁着黑土区农业生产资源，恶化农业生态环境，危及我国的粮食安全。

沟道蚀是土壤侵蚀加速的一种形式，沟道的发生通常标志着土地退化已经发展到了一种足以引起特别关注的极端形式（Shibru Daba 等，2003；Dirk 等，2000）。大规模农垦活动加速坡地地表植被的破坏，同时坡耕地的土壤物理化学性质随着垦殖年限的增长而逐渐发生改变，这些又成为沟道侵蚀发生的潜在原因，而沟道一旦发生又会进一步破坏本地（on-site）和异地（off-site）生态系统的稳定性，引起湖泊、水库、河道淤积（Poesen 等，1996；Wallbrink 等，1998），加大洪水危害（Shibru Daba 等，2003），水流中沉积物含量升高所导致的水流混浊度和营养载荷的增加又成为下游河流生态恶化的原因；沟头的前进会破坏道路和建筑，也会导致农用地、居民用地和休闲用地的丧失（Ireland 等，1939；Seginer，1966；Burkard 和 Kostaschuk，1997），使地表变得支离破碎，农业生产机械化效率降低。对于我国东北黑土地区，反映黑土侵蚀程度变化的现代发展过程包括：黑土→黑黄土→破皮黄黑土→黄土（陆继龙，2001）或沙，绝大多数沟道侵蚀会跨越发展直接造成黑土母质的暴露。黑土层一旦流失，很难恢复，其治理难度比黄土高原还要大得多。同时，黑土母质河湖相为主的砂质松散沉积物为荒漠化的发展提供了丰富的沙源，使我国东北黑土区成为潜在荒漠化威胁最大的地区（孙继敏等，2001），而沟道侵蚀正是一种沙漠化的指示（UNEP，1994）。总之，沟道侵蚀一般被认为是最具灾害性和最明显的降雨侵蚀形式（El - Swaify，1983），严重危害了当地群众的生产生活条件和生命财产安全，恶化了当地区域生态环境，威胁区域经济社会的可持续发展。

尽管沟道侵蚀的治理可以收到一定效果，但代价很高。根据黑龙江省鹤北小流域 1991—1994 年的治沟情况，平均每条沟的花费为 1 万元左右。按照当时的花费标准，治理目前的 25 万多条沟，粗略估计至少应在 25 亿元以上，这对目前的水保投入力度是一个很大的挑战，而且沟道的治理对周边的耕作环境也将产生不利影响。切实可行的办法是以预防为主，防治结合，先防后治，否则就会出现治了又治，防不胜防的被动局面。因此，有必要搞清楚沟道发生、发展的条件与机制，同时开展沟道侵蚀过程与规律研究，以便对沟道侵蚀的发生及在不同发育阶段沟道的发展做出积极的预防与治理。这不仅可以加深我们对地表过程的认识，为当地农业发展、土地合理利用和水土保持规划等提供依据，而且对当地生态环境与经济协调发展，实现经济社会可持续发展具有积极意义。

1.2 沟道侵蚀及沟道分类

沟蚀是水力侵蚀类型中常见的侵蚀形式之一。沟道作为水力侵蚀作用产生的一种侵蚀形态，与坡面侵蚀相对而言，沟道是线状侵蚀的结果。线状侵蚀又名沟蚀或沟状侵蚀，是径流集中成股流，强烈冲刷土壤或土体，并切入地面，形成大小侵蚀沟的过程（朱显谟等，1987）。

对于沟蚀的定义，不同学者描述各异，但就其本质而言相对一致。张洪江（2000）认为是"在面蚀的基础上，尤其是细沟状面蚀进一步发展，分散的地表径流由于地形影响逐渐集中，形成有固定流路的水流，切入地面带走土壤、母质及破碎基岩，形成沟壑的过程"。景可按发生学和形态分类原则与类型—方式—形态的思想体系对土壤侵蚀进行分类（景可，2005），并以线状侵蚀代替沟蚀，定义为"流水被约束在某一局限范围内的水流侵蚀方式,其形态是不同规模的沟谷"。

由沟蚀形成的沟壑称为侵蚀沟(张洪江,2000),即沟道。沟道由于其所处地质地貌基础和环境气候状况的不同而各具不同的发育特点,每一条沟道都有其产生、发展和变化的规律。根据沟道侵蚀发育的阶段及特点,沟道可以划分为不同的类型,但对于沟道的分类,不同学者划分类型有所不同。

关君蔚、朱显谟根据沟蚀发生的形态和演变过程,将之分为细沟侵蚀、浅沟侵蚀、切沟侵蚀、冲沟侵蚀和河道侵蚀等不同阶段,因此侵蚀沟依次分为细沟、浅沟、切沟、冲沟、水路网河道(关君蔚,1996)。景可根据沟谷的规模由小到大将侵蚀沟分为浅沟、切沟(或悬沟)、冲沟、干沟(或坳沟)(景可,2005)。

浅沟是坡地上由面状侵蚀(片蚀和细沟侵蚀)向线状(沟状)侵蚀发展的过渡类型,是坡地上最初的侵蚀沟。切沟(permanent gully)和浅沟(ephemeral gully)的区别主要在于是否为地表的长期地貌形态。浅沟是临时性的,还未完全过渡到沟状形态,可以被正常的农业耕作所消除,但会在相同的发生部位重新形成;而切沟则已经发育成永久地貌形态的一部分,属于线状侵蚀部分,正常的农业耕作已经难以逾越。切沟发育以后,地面被分割得支离破碎,无法继续耕种,并且它的谷坡和沟头已经有重力侵蚀过程的参与,沟床上常有潜蚀发生(陈永宗,1984)。前人(朱显谟,1956)将细沟定为坡面上的初期侵蚀沟,但由于以下原因:①细沟没有明显的汇水面积(流域);②沟床不固定,时而分汊,时而兼并,几条细沟可以相互串联;③人畜践踏和土地翻耕即被消灭,应将其归入面蚀类(陈永宗,1984)。

切沟(gully)作为一种线状侵蚀形态,具有突发性,并且横截面大到成了一种永久地貌特征，但到目前为止，关于切沟的确切定义还没有达成确切统一的共识（Dino 等，2003）。按 Soil Conservation Service（SCS）（1966）、Hudson（1985）和地质术语词典（Bates 和 Jackson，1980）的定义，切沟是宽和／或深使得一般农业机械无法通过的水道。地质术语词典（Bates 和 Jackson，1980）中将其定义为，"由流水在泥土（earth）或疏松物质上形成的长、窄凹地或水道"，并进一步将切沟侵蚀定义为，"在尺度上比细沟大且深，而且通常在大雨之时或之后抑或紧跟冰雪融化后携带水流的明显窄水道，形成这种水道的水流对土壤或软性岩石物质的侵蚀"。

由于浅沟（ephemeral gully）比切沟（gully）在英文中仅仅多出了一个单词 ephemeral，在实际应用中经常将浅沟与切沟甚至细沟（rill）混合使用（Bull 和 Kirkby，1997）。为了与那些在传统径流小区尺度上发育的细沟等沟道相区别，Poesen（1993）用临界横截面积为 929 cm^2 的标准来区别细沟和浅沟或切沟，将其作为判定浅沟／切沟的下限，Hauge 在 1977 年首次使用了这一标准。其他的判别标准还有 Brice（1966）提出的最小宽深分别为 0.3 m 和 0.6 m，Imeson 和 Kwaad 于 1980 年提出的最小 0.5 m 的深度等。对于切沟的上限则没有明确的定义。

切沟一般由人类活动直接或间接导致的线状水流所形成，但也存在特殊情况。多数切沟，特别是活动切沟，沟侧壁和沟底缺少植被，切沟中水流为暂时性水流并且即使在水流较高的阶段也只能填充部分水道（Imeson 和 Kwaad，1980；Foster，1984；Hudson，1985；Bocco，1991）。作为一种不稳定的地表形态，切沟是沟道网络的一部分，一般认为它与细沟及浅沟的区别如表 1-1 所示（After Laflen 等，1985）。

表 1-1 不同侵蚀作用类型的特征

片蚀和细沟侵蚀	浅沟侵蚀	切沟侵蚀
发生于谷底线以上的平坦坡面	沿着深切冲沟或切沟上游的谷底线发育	通常发生于谷底线中
空间尺度上可大可小，但通常要比线状水流冲刷的沟道小	空间尺度上可大可小，但一般要比细沟大、比切沟小	通常要比线状水流冲刷的细沟大
形态上为许多小的互不相连的平行沟道	通常为树枝状形态，水流形态受耕作、梯田等的影响	沿水道呈树枝状，也可在路旁壕沟形成
横截面相对于深度较窄	横截面相对于深度较宽，边坡不好确定，沟头由于耕作影响发育不明显	一般横截面相对于深度较窄，边坡较陡，沟头很明显，会向上游侵蚀
可以被耕作消除，一般不会在同一个地方重复出现	临时性特征，通常可以被耕作消除，会在同一地貌部位重新发生	不能被耕作消除

续表

片蚀和细沟侵蚀	浅沟侵蚀	切沟侵蚀
土壤以薄层侵蚀，整个坡面的土壤变薄	土壤沿水流路侵蚀，若耕作层之下的土壤抗蚀性较高，则侵蚀深度会到整个耕作层；若耕作层之下的土壤抗蚀性较差，则侵蚀更深	土壤可以侵蚀到剖面深度，能够切入软性基岩
不明显的低侵蚀速率	侵蚀或明显或不明显	侵蚀非常明显
雨滴与流水分离和传输	仅水流分离和传输	流水、不稳定沟岸的崩塌及沟头后退产生分离，水流传输

1.3 国内外沟道侵蚀研究进展

1.3.1 国外沟蚀研究进展

国外对侵蚀沟有记载的文字研究已超过百年的历史。苏联在 1920 年、智利在 1950 年、德国在 1950 年、南非在 20 世纪 20 年代分别开始对侵蚀沟开展了研究（李勇，2004）。从本质上讲，侵蚀沟是由于水道的平衡状态被打破而造成的，这种平衡的破坏可以是洪水量的增加引起的，也可以是沟道抗蚀能力的降低引起的。

尽管早在近一个世纪前就对沟道研究有所涉及，但限于以前人们对沟道侵蚀的危害认识不足及研究方法的限制，过去几十年对水蚀的研究主要集中在小区尺度上的片流（细沟间）侵蚀（sheet or interrill erosion）及细沟侵蚀（rill erosion）（Karel Vandaele 等，1995；Poesen 等，2003）。直到 1986 年，Foster（1986）才将沟蚀作为一种单独的侵蚀类型提出来，随着人们对沟道侵蚀危害的认识加深及现代信息技术的发展，沟道侵蚀研究才于近年得以大量展开。

就目前国内外沟道侵蚀研究来讲，主要集中在以下 6 个方面，它们将为研究环境变化对沟道侵蚀的影响奠定重要的基础（Poesen 等，2003）。

①不同的时空尺度及气候和土地利用情况下，沟道侵蚀占流域总土壤流失的比例；

②不同时空尺度下，监测和研究不同形态沟道形成与发展的技术手段；

③在不同环境条件下，根据水力学、降水、地形、土壤与土地利用等来研究确定沟道形成、发展和堆积的各个阈值；

④沟道侵蚀与水力过程及其他土地退化过程的相互作用；

⑤研究合适的沟道侵蚀模型，用这些模型来预测不同时空尺度下的侵蚀速率及沟道的发展对水力学、产沙量和景观变化的影响；

⑥有效的沟道预防与控制措施研究。

与前 5 点相比，对沟道侵蚀控制措施的研究相对较少，这里仅就前 5 点国内外研究进展进行总结。

对于沟道侵蚀占流域总土壤流失量的比例并非一句话就可

以说清楚，因为它要涉及沟道侵蚀发生的时空尺度，而在不同的时空尺度上沟道侵蚀所占比例有很大的不同。在径流小区尺度上，沟道不会发育，也就意味着沟道侵蚀所占的比例为零。但是，一旦研究区域超过一定临界值（1～10 hm^2），沟道侵蚀比例会变得愈益增大，甚至成为主要的产沙过程（Osterkamp等，1997）。最近一项对西班牙 22 个水库的研究发现，随着水库所在流域中沟道发生数量的增多，年侵蚀模数呈增大趋势（Poesen等，2002；Verstracten等，2002）。沟道侵蚀在不同时间尺度上的研究相对较少，但已有的资料已经说明，沟道侵蚀所占比例受时间尺度的影响。如 Poesen 等人（2002）对伊比利亚半岛的研究表明相对湿润的冬季由沟道侵蚀所造成的土壤流失占到 47%～51%，而对于中期尺度（3～20 年）来讲则占到 80%～83%。从收集到的世界各地的数据来看，沟道侵蚀所占比例为 10%～94%（Poesen等，2003）。

坡面侵蚀研究发展到现在已经非常成熟，与之相比，不同时空尺度上的沟道侵蚀研究还没有规范的步骤和程序，尚处于起步阶段。沟道侵蚀发生的空间尺度相对较大，模拟研究已经不太现实，这也在某种程度上限制了沟道侵蚀研究的发展。目前，在短时间尺度上（＜1～10 年），沟道侵蚀研究方法主要有在沟头及沟身附近地面打桩（Vandekerckhove等，2001；Oostwoud等，2001）、接触式量角器测量沟壁的三维形态（Archibold等，1996）、通过热气球或者航天飞机获取大比例尺影像的数字摄影技术（Thomas等，1986；Ries 和 Marzolff，2003；Ritchie等，1994）、应用 GPS 等跟踪监测（胡刚等，2004）。对于中期尺度（10～70 年）的沟道研究方法主要有利用大比例尺航片分析沟道参数的变化（Burkard，1995；Derose等，1998；Nachtergaele等，1999；Daba等，2003；

Martinez-Casasnovas，2003），以及由此引申而来的诸如基于目标对象图像分析等方法（Shruthi 等，2011；D'Oleire-Oltmanns 等，2014；Wang 等，2014）。由于受到图像分辨率的限制，这种方法只能用于发育较大的沟道研究；Vandekerckhove 等（2001）尝试分析了用树木年轮来研究中期沟道侵蚀变化，James 等则尝试了用沉积资料来对沟道侵蚀进行研究（James 等，2000）。对于长时间尺度的研究则应用到了历史数据及考古等手段（Prosser 等，1996；Trimble，1998，1999；Bork 等，1998；Webb 等，2001；Dotterweich 等，2003）。研究方法不规范、不统一给各种手段得出数据的对比带来了一定的问题，降低了它们的可比性。

沟道侵蚀是一种临界现象，这种地貌过程只有在水力、降水、地貌、土壤和土地利用等临界值超过时才会发生（Poesen 等，2003），通过土壤表层坡度（S）和流域面积（A）间的强反向关系，来预测沟道发生区域。地貌临界在沟蚀中的应用一般划归为沟蚀起点和终点的预测，在沟蚀起点的研究中，地貌临界理论，即：$S = aA^b$（其中 S 为坡度，A 为汇水面积，a、b 为决定于不同环境条件下的参数）得到了广泛的应用（Hancock 和 Evans 2006；Achten 等，2008；Samani 等，2009；Katz 等，2014；Maugnard 等，2014；Torri 和 Poesen 2014；Patton 和 Schumm，1975；Harvey，1987，1996；Montgomery 和 Dietrich，1988，1994；Moore 等，1988；Riley 和 Williams，1991；Boardman，1992；Prosser 和 Abernethy，1996；Prosser 和 Winchester，1996；Vandaele 等，1996；Vandekerckhove 等，1998，2000；Nachtergaele 等，2001a，b；Moeyersons，2003；Morgan 和 Mngomezulu，2003）。在实际应用中，要得到 S-A 的关系，需要详细的野外调查和高精度 DEM，而这通常较为困

难，为此，Dewitte O（2015）提出了应用已经出版刊出的 S-A 临界参数和 logistic 回归分析（LR）相结合的两步法。Nachtergaele 于 2001 年计算了比利时中部 33 条浅沟和葡萄牙南部 40 条浅沟在最大流量（Peak flow）时的临界剪切力 τ_c，发现发育于比利时中部表层粉黏土中的浅沟的 τ_c 变化为 3.3 ~ 32.2 Pa（平均为 14 Pa），而发育于葡萄牙石质砂壤土中的浅沟的临界剪切力变化为 16.8 ~ 74.4 Pa（平均为 44 Pa）。通过分析水流宽度与临界剪切力的关系，Poesen 等（2002）发现它们间存在着反向关系。Nachtergaele（2001）等通过 15 年 38 次浅沟发生事件的分析发现，冬季发生浅沟的降水临界值为 15 mm（$n = 21$），而夏季为 18 mm（$n = 17$），它们间的差异主要归咎于冬夏季土壤含水量的不同。地貌临界在沟蚀中的应用一般划归为沟蚀起点和终点的预测，在沟蚀起点的研究中，地貌临界理论，即：$S = aA^b$（其中 S 为坡度，A 为汇水面积，a、b 为决定于不同环境条件下的参数）得到了广泛的应用（Patton 和 Schumm，1975；Harvey，1987，1996；Montgomery 和 Dietrich，1988，1994；Moore 等，1988；Riley 和 Williams，1991；Boardman，1992；Prosser 和 Abernethy，1996；Prosser 和 Winchester，1996；Vandaele 等，1996；Vandekerckhove 等，1998，2000；Nachtergaele 等，2001a，b；Moeyersons，2003；Morgan 和 Mngomezulu，2003）。

与地貌临界理论在沟蚀起点的广泛应用相比，它在沟蚀终点的应用并不多（Poesen 等，1998；Vandekerckhove 等，2000；Nachtergaele 等，2001a，b）。土壤类型，特别是具有不同抗蚀性的土层的垂直分布，很大程度上控制着沟道横截面的形态（Poesen 等，2003），Ireland 等（1939）通过对美国东北部的研究，首次指出了 Bt 层对控制沟道深度和沟头形态的重要作用，通过对在澳洲双层土壤（Sneddon 等，1988）及欧洲黄土（Poesen，1993）上所做的沟道发育研究也得出了相似的结论。Nachtergaele 和 Poesen（2002）等对黄土的研究表明：①Bt 层的 τ_c 和沟道抗蚀性要明显大于 Ap 或 C 层；②每个土层前期含水量的增加会降低它们的可蚀性。渗透性弱的土层能诱发上覆土层正孔隙水压力，而这反过来又可以降低这些土层的可蚀性，特别是在渗流的情况下更是如此（Moore 等，1988；Huang 和 Laflen，1996），这就会降低沟道开始下切的地貌临界值（Montgomery 和 Dietrich，1994；Vandekerckhove 等，2000；Poesen 等，2002）。最近的研究已经证明，逐渐的或快速的土地利用变化都会诱发沟道的发生或加大沟道侵蚀速率（Faulkner，1995；Nachtergaele，2001；Oostwoud Wijdenes 等，2000）。

沟道一旦切入渗透性较高的土层，就可以通过沟底渗漏与地下水发生水力联系，可以补充很大一部分地下水（Leduc 等，2001），抑或当切入具有临时地下水位的坡面时，就会使地下水很快流失（Moeyersons，2000）。通过沟底和沟岸可以渗漏掉相当部分的径流水，特别是在半干旱和干旱环境中，这已被 Esteves 和 Lapetite（2003）的研究证实。沟道一旦发育，还会引起其他土地诸如 Piping、土壤跌落及倾倒等退化过程（Poesen，2003），而且，沟道的出现增大了地形的连通性（Poesen 等，2002；Stall，1985），可以将更多的沟间地侵蚀物质输出。浅沟和耕作间的相互作用加速了沟道的形成及沟间地的土壤侵蚀，尽管浅沟可以被耕作填埋，但这时的地形横坡面已经呈现比浅沟出现前更大的凹型，下次暴雨可以汇集面积更大的降水形成侵蚀力更强的径流而产生更强的浅沟侵蚀，出现浅沟侵蚀与耕作侵蚀相互加强的局面（张科利，1988；Revel

和 Guiresse，1995；Poesen 和 Hooke，1997）。

目前，国内外无论是经验型还是机制型土壤侵蚀预报模型如 USLE（Universal Soil Loss Equation）、WEPP（Water Erosion Prodiction Project）均不能进行沟道侵蚀预报（Posen 等，2003；Renard 等，1994；USDA-ARS，1997；USDA-ARS，1995），但有少数模型如 CREAMS（Chemicals，Runoff and Erosion from Agricultural Management Systems）（Knisel，1980）、EGEM（Ephemeral Gully Erosion Model）（Merkel 等，1988；Woodward，1999）、WEPP 流域模型（Water Erosion Prediction Project）（Flanagan 和 Nearing，1995）可以预测浅沟侵蚀速率。EGEM 和 WEPP 的沟道侵蚀程序是将 CREAMS 沟道侵蚀程序稍加修改而来，虽然这些模型都称能够预测浅沟侵蚀所产生的土壤流失，但它们都没有被仔细检验过。Nachtergaele 等（2001）经过对 EGEM 模型在各种耕种环境下预测浅沟侵蚀速率的检验认为，EGEM 不能很好地预测浅沟侵蚀。根据沟道发育的阶段性，有学者提出了动态和静态模型（Kemp，1987；Howard，1997；Sidorchuk，1999；Sidorchuk 等，2003），动态模型来预测沟道发育早期形态的快速变化，静态模型则用以计算沟道发育的最终形态参数。Casali 等（2003）及 Torri 和 Borselli（2003）则提出了一个过程模式来预测沿沟道各点的横截面。有些研究试图将沟道沟头后退（R）进行量化与预测，这包括线形后退（Thompson，1964；Seginer，1966；De Ploey，1989；Burkard 和 Kostaschuk，1997；Radoane 等，1995；Oostwoud Wijdenes 和 Bryan，2001；Vandekerckhove 等，2001，2003）、面积后退（Beer 和 Johnson，1963）、体积后退（Stocking，1980；Sneddon 等，1988；Vandekerckhove 等，2001a，b，2003）及质量后退（Piest 和 Spomer，1968）。这些量化关系一般将沟头后退

（R）与沟头上方汇水面积、降水量、可蚀性、沟头高度、流域势能及流域的径流反应等相联系，而且这些关系都是基于经验的，对于不同地区要建立不同的关系，所考虑的时间尺度也会影响到这些关系中的参数及指数（Poesen 等，2003）。大多数研究集中于中期时间尺度的研究，与短期时间尺度的沟道后退受随机因素影响较大相比，长期时间尺度沟头后退速率则似乎要简单得多（Poesen 等，2003）。

1.3.2　国内沟蚀研究进展

国内沟蚀研究以往主要侧重沟蚀分类（罗来兴，1956）。自20世纪80年代以来，刘元保等根据野外考察，对黄土丘陵沟壑区侵蚀垂直分带进行了划分（刘元保等，1988），张科利（1991）等则较早对黄土高原沟蚀机制研究展开了初步研究，研究认为发生浅沟侵蚀的临界坡度约为18°，临界坡长为40 m左右，临界汇水面积约为650 m^2，且临界坡长、浅沟分布间距和临界汇水面积与坡面平均坡度呈二次曲线关系。自2000年以来，胡刚（胡刚等，2004；胡刚等，2006；胡刚等，2007；胡刚等，2009）、张永光（张永光等，2006）、尹佳宜（尹佳宜等，2007）、闫业超（闫业超等，2005；闫业超等，2006；闫业超等，2007）等展开了东北黑土区沟蚀研究。如闫业超等将黑龙江省克拜东部黑土区作为典型研究区，采用2005年SPOT-5高分辨率卫星影像，结合野外调查，根据侵蚀沟的活跃程度，将黑土区的侵蚀沟分为活跃型、半活跃型和稳定型3种类型，阐述了不同类型侵蚀沟的影像特征和遥感分类方法，为在区域尺度上对侵蚀沟进行快速调查提供了一种新途径（闫业超等，2007），并通过解译遥感卫星影响，探讨了东北黑土区克拜地区的沟壑密度和近 50 年的变化（闫业超等，2005）。胡刚等（2006）通过实地测量和地形图量算，探讨了东北漫川漫岗黑土区浅沟和沟道发生的地貌临界模型探讨。胡刚等（2007）利用两年的实测数据探讨了东北漫岗黑土区沟道侵蚀发育特征。张永光等（2007）通过实地定位和地形图判读，探讨了东北漫岗黑土区地形因子对浅沟侵蚀的影响分析。尹佳宜等（2007）通过实地测量，探讨了不同测量方法下的东北黑土区沟道的误差。

此外，近年来元谋干热河谷冲沟受到学者的较多关注。有研究发现元谋干热河谷冲沟系统较为复杂，根据沟系不同的纹理特征和组合关系形态，可将其划分为 6 种类型：放射状沟系、梳状沟系、羽状沟系、格状沟系、树枝状沟系、平行状沟系，不同沟系类型的形成主要受到地形特征与地貌部位的影响（张政玲等，2014）。熊东红等（2012）通过试验研究了不同放水流量下元谋干热河谷冲沟沟头径流水动力学参数、径流泥沙含量和沟头土壤侵蚀量的变化特征，进一步探明沟头的产沙效应。母红丽等（2014）研究认为元谋冲沟受降水量、地形等影响，长度主要在小于 2 km 的范围内；汇水面积大部分小于 1 km^2。随着冲沟长度变化汇水面积也相应变化，两者基本呈正相关；冲沟长度与汇水面积的比值多分布在 1.0 ~ 3.0 范围内。杨丹等（2012）采用野外实地调查、文献资料综合分析的方法，对元谋干热河谷冲沟形态特征及其成因进行了研究。陈安强等（2011）通过对元谋干热河谷沟蚀发育阶段和崩塌类型的全面调查和采样分析，研究沟蚀发育与崩塌类型的关系。其他学者如范建容等（2004）、王小丹等（2005）、方海东等（2006）都对元谋干热河谷沟蚀进行了相关研究。

以上对国内外沟道研究的进展及重点进行了回顾,可以看到,到目前为止,对不同环境中沟道侵蚀发生、发展的过程、规律及机制仍然知之甚少,以至于在现在的土壤流失评估项目中很少考虑沟道侵蚀(Poesen 等,2003;Casali 等,2003)。

1.4 研究目的及内容

1.4.1 研究目的

通过对东北黑土区流域沟蚀现状调查,了解沟蚀(沟道和浅沟)的严重程度及其空间分布规律;根据沟蚀发生的地貌条件,建立东北黑土地区沟道和浅沟侵蚀发生的临界条件。在对不同时间尺度沟道侵蚀系统研究的基础上,认识沟道侵蚀发生、发展的内在规律,建立适用于东北黑土地区的沟道侵蚀发育规律模型。根据对研究区沟道侵蚀退化趋势进行预警,为黑土资源的合理利用及保护提供理论依据和技术指导。

简单概括就是从横向和纵向入手展开分析研究:横向以流域程度的全部沟道(包括垄沟、浅沟)为研究对象,同时纵向以不同的时间尺度为研究内容,通过对不同时间尺度沟道侵蚀特征研究来揭示沟道发生发展的内在规律。

1.4.2 研究内容

本书研究的主要内容如下。

（1）沟蚀现状特征

沟蚀现状特征包括流域尺度上的沟道侵蚀现状及分布、浅沟侵蚀现状及分布、垄沟在坡面的侵蚀分布状况、土地开垦历史和区域地貌特征等。

（2）长期沟道侵蚀规律分析

早期沟道侵蚀状况，利用早期航片、沟蚀调查资料提取早期沟道侵蚀状况，主要包括沟道密度、长度、宽度、体积、位置等；长时间尺度沟道侵蚀变化，通过对比分析利用航片、沟蚀调查提取的早期沟蚀状况与利用 Quichbird 卫片及野外调查得到的沟蚀现状，研究长时间尺度上沟道侵蚀状况的变化；沟道侵蚀影响的主要因子分析，结合多年气象水文资料、解译提取的地形地貌及土地利用等信息，研究长时间尺度上沟道形成及变化的主要影响因子。

（3）短期沟道侵蚀规律分析

短期沟道侵蚀监测，结合气象观测资料、地形地貌及土地利用等特征信息，研究短时间尺度上沟道侵蚀变化的主要影响因子。

（4）沟道侵蚀发生临界理论的应用

利用地理信息系统技术，恢复沟头产生处的坡度、坡长、沟头上方汇水面积等，结合野外调查的沟道分布区土壤类型、黑土层厚度、土地利用状况等，同时结合水文地貌理论知识，对沟道产生的临界条件进行研究，并将临界条件用于该区的沟道侵蚀预警。

参考文献

[1] Achten W M J, S Dondeyne, S Mugogo, et al. Gully erosion in South Eastern Tanzania: spatial distribution and topographic thresholds[J]. Zeitschrift Für Geomorphologie, 2008, 52(2): 225–235.

[2] Archibold O W, D H De Boer, L Delanoy. A device for measuring gully headwall morphology[J]. Earth Surface Processes & Landforms, 1996, 21(21): 1001–1005.

[3] Bates Robert Latimer, Julia A Jackson. Glossary of geology [M]. 2nd ed. Falls Church, Virginia: American Geological Institute, 1980.

[4] Beer C E, H P Johnson. Factors in gully growth in the deep loess area of western iowa[J]. Transactions of the Asabe, 1963 (3): 237–240.

[5] Boardman J, M Bell. Current erosion on the South Downs: implication for the past[J]. Past & Present Soil Erosion Archaeological & Geographical Perspectives, 1992: 9–19.

[6] Boardman J. Modelling soil erosion in real landscapes: a western european perspective[J]. Modelling Soil Erosion by Water, 1998: 17–29.

[7] Boardman John, Laurence Ligneau, Ad De Roo, et al. Flooding of property by runoff from agricultural land in northwestern Europe[J]. Geomorphology, 1994, 10(s1–4): 183–196.

[8] Bocco G. Gully erosion:processes and models[J]. Progress in Physical Geography,1991,15(4):392 -406.

[9] Bork H R. Landschaftsentwicklung in mitteleuropa:wirkungen des menschen auf landschaften[M]. Klett-Perthes,1998.

[10] Brice J C. Erosion and deposition in the loess-mantled Great Plains Medicine Creek drainage basin, Nebraska[M]//Government Printing Office. United States Geological Survey Professional Paper 352-H. Washington DC,1966.

[11] Brooks K N,P F Folliott,H M Grerersen,et al. Thames,Hydrology and the management of watersheds[J]. Iowa State University Press,1996:153 -156.

[12] Bull L J,M J Kirkby. Gully processes and modeling[J]. Prog Phys Geogr,1997,21(3):354 -374.

[13] Burkard M B,R A Kostaschuk. Patterns and controls of gully growth along the shoreline of Lake Huron[J]. Earth Surface Processes and Landforms,1997,22(10):901 -911.

[14] Casali J,J J Lopez,J V Giraldez. A process-based model for channel degradation:application to ephemeral gully erosion [J]. Catena,2003,50(s2 -4):435 -447.

[15] Daba Shibru,Wolfgang Rieger,Peter Strauss. Assessment of gully erosion in eastern Ethiopia using photogrammetric techniques[J]. Catena,2003,50(s2 -4):273 -291.

[16] De Ploey J. A model for headcut retreat in rills and gullies [J]. Catena Supplement,1989:81 -86.

[17] Derose R C, Basil Gomez, Mike Marden, et al. Gully erosion in Mangatu Forest, New Zealand, estimated from digital elevation models[J]. Earth Surface Processes & Landforms, 1998, 23(11):1045 – 1053.

[18] Torri Dino, Lorenzo Borselli. Equation for high-rate gully erosion[J]. Catena, 2003, 50(2):449 – 467.

[19] Wijdenes Dirk J Oostwoud, Jean Poesen, Liesbeth Vandekerckhove, et al. Spatial distribution of gully head activity and sediment supply along an ephemeral channel in Mediterranean environment[J]. Catena, 2000, 39(3):147 – 167.

[20] Dotterweich Markus, Anne Schmitt, Gabriele Schmidtchen, et al. Quantifying historical gully erosion in northern Bavaria [J]. Catena, 2003, 50(s2 – 4):135 – 150.

[21] El-Swaify S A, S Arsyad, P Krishnarajah. Soil erosion by water[J]. Transactions of the Asabe, 1983, 143 (1):754 – 758.

[22] Esteves Michel, Jean Marc Lapetite. A multi-scale approach of runoff generation in a Sahelian gully catchment: a case study in Niger[J]. Catena, 2003, 50(s2 – 4):255 – 271.

[23] Faulkner H. Gully erosion associated with the expansion of unterraced almond cultivation in the coastal Sierra de Lujar, S Spain[J]. Land Degradation & Development, 1995, 6(3):179 – 200.

[24] Flanagan Dennis C, Mark A Nearing. USDA-Water Erosion

Prediction Project: Hillslope profile and watershed model documentation, NSERL Report No 10[R]. USDA-ARS National Soil Erosion Research Laboratory, West Lafayette, Indiana, 1995.

[25] Foster G R. Understanding ephemeral gully erosion in National Research Council [M]//Soil conservation: Assessing the National Research Inventory. Washington DC: National Academy Press, 1986.

[26] Govers G, J Poesen. Assessment of the interrill and rill contributions to total soil loss from an upland field plot[J]. Geomorphology, 1988, 1(4): 343 - 354.

[27] Hancock G R, K G Evans. Gully position, characteristics and geomorphic thresholds in an undisturbed catchment in northern Australia [J]. Hydrological Processes, 2006, 20 (14): 2935 - 2951.

[28] Harvey A M. Patterns of Quaternary aggradational and dissectional landform development in the Almeria region, South-East Spain: a dry-region, tectonically active landscape [J]. Die Erde118: 193 - 215.

[29] Hauge C. Soil erosion definitions [J]. California Geology, 1977, 30: 202 - 203.

[30] Howard A D. Simulation of gully erosion and bistable landforms[M]//S S Y Wang, E J Langendoen, F D Shields. Proceedings of the Conference on Management of Landscapes

Disturbed by Channel Incision. Center for Computational Hydroscience and Engineering, The University of Mississippi, Oxford MS, 1997:516 – 521.

[31] Huang Chihua, John M Laften. Seepage and soil erosion for a clay loam soil[J]. Soilence Society of America Journal, 1996, 60(2):408 – 416.

[32] Hudson N. Soil conservation[M]. Ames:Iowa State University Press, 1995.

[33] Hudson N. Soil conservation[M]. London:Batsford Academic and Educational, 1985.

[34] Imeson A C, F J P M Kwaad. Gully types and gully prediction [J]. Geografisch Tijdschrift, 1980, 14(5):430 – 441.

[35] Ireland H A, C F S Sharpe, D H Eargle. Principles of gully erosion in the Piedmont of South Carolina[J]. Technical Bulletin, 1939:663.

[36] Hyatt James A, R Gilbert. Lacustrine sedimentary record of human-induced gully erosion and land-use change at Providence Canyon, southwest Georgia, USA [J]. Journal of Pleolimnology, 2000(23):421 – 438.

[37] Kalinicenko N P, V V Ilinski. Gully improvement and control by means of forestry measures[M]. Moscow:Lesnaya Promysh(in Russian), 1976.

[38] Karcl Vandacle, Jean Poesen. Spatial and temporal patterns of soil erosion rates in an agricultural catchment, central Bel-

gium[J]. 1995,25:213 - 226.

[39] Katz H A,J M Daniels,S Ryan. Slope-area thresholds of road-induced gully erosion and consequent hillslope-channel interactions[J]. Earth Surface Processes and Landforms,2014,39 (3):285 - 295.

[40] Kemp A C. Towards a dynamic model of gully growth[J]. Erosion,Transport and Deposition Process,IAHS Publication, 1990:121 - 134.

[41] Knisel W G. CREAMS:a field-scale model for chemicals, runoff and erosion from agricultural management systems [R]. USDA Conservation Research Report No 26 Washington DC,1980.

[42] Kosov B F,I I Nikolskaja,E F Zorina. Experimental research into gully formation,Experimental Geomorphology[M]. Moscow:Moscow Univ Press,1978.

[43] Laflen J M. Effect of tillage systems on concentrated flow erosion[M]//I S Pla. Soil Conservation and Productivity,vol 2 Maracay: Universidad Central de Venezuela, 1985: 798 - 809.

[44] Leduc C,G Favreau,P Schroeter. Long-term rise in a Sahelian water-table:the Continental Terminal in South-West Niger [J]. Journal of Hydrology,2001,243(s1 -2):43 -54.

[45] Radoane Maria,Ionita Ichim, Nicolae Radoane. Gully distribution and development in Moldavia, Romania[J]. Catena,

1995,24(2):127 - 146.

[46] Martinez-Casasnovas J A. A spatial information technology approach for the mapping and quantification of gully erosion [J]. Catena,2003,50(2 -4):293 -308.

[47] Maugnard A,S Van Dyck,C L Bielders. Assessing the regional and temporal variability of the topographic threshold for ephemeral gully initiation using quantile regression in Wallonia(Belgium) [J]. Geomorphology,2014,206:165 - 177.

[48] Moeyersons J. Desertification and man in Africa[J]. Bulletin des Séances, Académie Royale des Sciences d' Outre-Mer, 2000,46:151 - 170.

[49] Moeyersons J. The topographic thresholds of hillslope incisions in southwestern Rwanda[J]. Catena,2003,50(2 -4):381 - 400.

[50] Montgomery D R, W E Dietrich. Where do channels begin [J]. Nature 1988,336:232 -234.

[51] Montgomery David R, William E Dietrich. Landscape dissection and drainage area-slope thresholds[M]//Michael J Kirkby. Process models in theoretical geomorphology. Wiley,1994: 221 -246.

[52] Moore I D,G J Burch,D H Mackenzie. Topographic effects on the distribution of surface soil water and the location of ephemeral gullies[J]. Transactions of the American Society of Agricultural Engineers,1988,31(4):1098 - 1107.

[53] Morgan R P C, D Mngomezulu. Threshold conditions for initiation of valley-side gullies in the Middle Veld of Swaziland [J]. Catena, 2003, 50(2 -4):401 -414.

[54] Nachtergaele J. A spatial and temporal analysis of the characteristics, importance and prediction of ephemeral gully erosion [D]. Leuven: Department of Geography-Geology, K U, 2001.

[55] Nachtergaele J, J Poesen. Assessment of soil losses by ephemeral gully erosion using high-altitude (stereo) aerial photographs [J]. Earth Surface Processes and Landforms, 1999, 24 (8):693 -706.

[56] Nachtergaele J, J Poesen, D Oostwoud Wijdenes, et al. Medium-term evolution of a gully developed in a loess-derived soil [J]. Geomorphology, 2002, 46(3 -4):223 -239.

[57] Nachtergaele J, J Poesen, A Steegen, et al. The value of a physically based model versus an empirical approach in the prediction of ephemeral gully erosion for loess-derived soils [J]. Geomorphology, 2001, 40(3 -4):237 -252.

[58] Wijdenes D J O, R Bryan. Gully-head erosion processes on a semi-arid valley floor in Kenya: a case study into temporal variation and sediment budgeting [J]. Earth Surface Processes and Landforms, 2001, 26(9):911 -933.

[59] Wijdenes D J O, J Poesen, L Vandekerckhove, et al. Spatial distribution of gully head activity and sediment supply along an ephemeral channel in a Mediterranean environment [J].

Catena,2000,39(3):147 - 167.

[60] Osterkamp W R,T J Toy. Geomorphic considerations for erosion prediction[J]. Environmental Geology, 1997, 29 (3 - 4):152 - 157.

[61] Patton Peter C,Stanley A Schumm. Gully erosion, Northwestern Colorado:a threshold phenomenon[J]. Geology,1975,3 (2):88 - 90.

[62] Piest R F,R G Spomer. Sheet and gully erosion in the Missouri Valley Loessial Region[J]. Transactions of the ASAE, 1968,11:850 - 853.

[63] Poesen J. Gully typology and gully control measures in the European loess belt[M]//S Wicherek. Farm Land Erosion in Temperate Plains Environment and Hills. Amsterdam, Elsevier,1993:221 - 239.

[64] Poesen J W A,J M Hooke. Erosion, flooding and channel management in Mediterranean environments of southern Europe[J]. Progress in Physical Geography, 1997, 21 (2): 157 - 199.

[65] Poesen J,J Nachtergaele,G Verstraeten, et al. Gully erosion and environmental change: importance and research needs [J]. Catena,2003,50(2 - 4):91 - 133.

[66] Poesen J,K Vandaele W A,B Van Wesemael. Gully erosion: importance and model implications [M]//J Boardman, D F Mortlock. Modelling soil erosion by water. Springer-Verlag

Berlin Heidelberg, Germany, 1998:285 – 312.

[67] Poesen J, K Vandaele, B Van Wesemael. Contribution of gully erosion to sediment production in cultivated lands and rangelands[J]. IAHS Publications, 1996, 236:251 – 266.

[68] Poesen J, L Vandekerckhove, J Nachtergaele, et al. Gully erosion in dryland environments [M]//L J Bull, M J Kirkby. Dryland Rivers: Hydrology and Geomorphology of Semi-Arid Channels. Chichester, UK: Wiley, 2002:229 – 262.

[69] Prosser I P, B Abernethy. Predicting the topographic limits to a gully network using a digital terrain model and process thresholds [J]. Water Resources Research, 1996, 32 (7): 2289 – 2298.

[70] Quine T A, G Govers, D E Walling, et al. A comparison of the roles of tillage and water erosion in landform development and sediment export on agricultural land near Leuven, Belgium [J]. Proceedings, 1994:77 – 86.

[71] Renard K G, G R Foster, G A Weeies, et al. Predicting soil erosion by water: a guide to conservation planning with the revised universal soil loss equation (RUSLE) [M]. Washington, DC: USDA Agric Handb No 703 US Gov Print Office 1997.

[72] Renschler C S, Cmannaerts B, Diekkruger. Evaluating spatial and temporal variability in soil erosion risk—rainfall erosivity and soil loss ratios in Andalusia, Spain[J]. Catena, 1999, 34

(3 - 4) :209 - 225.

[73] Revel J C, M Guiresse. Erosion due to cultivation of calcareous clay soils on hillsides in south-west France II Effect of ploughing down the steepest slope [J]. Soil & Tillage Research, 1995, 35(95) :157 - 166.

[74] Ries J B, I Marzolff. Monitoring of gully erosion in the Central Ebro Basin by large-scale aerial photography taken from a remotely controlled blimp [J]. Catena, 2003, 50 (2 - 4) : 309 - 328.

[75] Riley S J, D K Williams. Thresholds of gullying, Arnhem Land, Northern Territory, Australia [J]. Malaysian Journal of Tropical Geography, 1991, 22(2) :133 - 143.

[76] Ritchie Jerry C, Earl H Grissinger, Joseph B Murphey, et al. Measuring channel and gully cross-sections with an airborne laser altimeter [J]. Hydrological Processes, 1994, 8 (3) :237 - 243.

[77] Rydgren B. A geomorphological approach to soil erosion studies in Lesotho—case studies of soil erosion and land use in the southern Lesotho Lowlands [M] //L Strömquist. Monitoring soil loss levels at different observation levels : case studies of soil erosion in the lesotho lowlands. UNGI Rapport, 1990, 74 : 39 - 88.

[78] Samani A N, H Ahmadi, M Jafari, et al. Geomorphic threshold conditions for gully erosion in Southwestern Iran (Boushehr-

Samal watershed) [J]. Journal of Asian Earth Sciences, 2009,35(2):180 - 189.

[79] Seginer Ido. Gully development and sediment yield[J]. Journal of Hydrology,1966,4:236 - 253.

[80] Sidorchuk A. Dynamic and static models of gully erosion[J]. Catena,1999,37(3 - 4):401 - 414.

[81] Sidorchuk A,M Marker,S Moretti,et al. Gully erosion modelling and landscape response in the Mbuluzi River catchment of Swaziland[J]. Catena,2003,50(2 - 4):507 - 525.

[82] Sneddon J,B G Williams,J V Savage,et al. Erosion of a gully in duplex soils:results of a long-term photogrammetric monitoring program[J]. Soil Research,1988,26(2):401 - 408.

[83] Soil Conservation Service. Procedure determining rates land damage, depreciation and volume sediment produced gully erosion [M]. National Engr Publications, Tech Release JHJ32,1966.

[84] Stall J B. Upland erosion and downstream sediment delivery [M]//S A El-Swaify,W C Moldenhauer,A Lo. Soil Erosion and Conservation. Ankeny, IA: Soil Conservation Society of America,1985:200 - 205.

[85] Stocking M A,M De Boodt,D Gabriels. Examination of the factors controlling gully growth[J]. Assessment of Erosion, 1980:505 - 520.

[86] Thomas A W,R Welch,T R Jordan. Quantifying concentrated-

flow erosion on cropland with aerial photogrammetry [J]. Journal of Soil & Water Conservation, 1986, 41 (4) : 249 – 252.

[87] Thompson James R. Quantitative effect of watershed variables on rate of gully-head advancement [J]. Transactions of the Asabe, 1964 (1) : 54 – 55.

[88] Trimble S W. Decreased rates of alluvial sediment storage in the Coon Creek Basin, Wisconsin, 1975 – 1993 [J]. Science, 1999, 285 (5431) : 1244 – 1246.

[89] Trimble Stanley W. Dating fluvial processes from historical data and artifacts [J]. Catena, 1998, 31 (4) : 283 – 304.

[90] UNEP(United Nations Environmental Programme). United Nations conventions to combat desertification in those countries experiencing serious drought and / or desertification, particularly in Africa [M]. 1994.

[91] Vandaele K, J Poesen, G Govers, et al. Geomorphic threshold conditions for ephemeral gully incision [J]. Geomorphology, 1996, 16 (2) : 161 – 173.

[92] Vandekerckhove L, B Muys, J Poesen, et al. A method for dendrochronological assessment of medium-term gully erosion rates [J]. Catena, 2001, 45 (2) : 123 – 161.

[93] Vandekerckhove L, J Poesen, D O Wijdenes, et al. Topographical thresholds for ephemeral gully initiation in intensively cultivated areas of the Mediterranean [J]. Catena, 1998, 33

(3 -4):271 -292.

[94] Vandekerckhove L, J Poesen, D Oostwoud Wijdenes, et al. Thresholds for gully initiation and sedimentation in Mediterranean Europe [J]. Earth Surface Processes & Landforms, 2000,25(11):1201 - 1220.

[95] Verstraeten G, J Poesen, J de Vente, et al. Sediment yield variability in Spain: a quantitative and semiqualitative analysis using reservoir sedimentation rates [J]. Geomorphology, 2003,50(4):327 - 348.

[96] Wallbrink P J, A S Murray, J M Olley, et al. Determining sources and transit times of suspended sediment in the Murrumbidgee River, New South Wales, Australia, using fallout Cs-137 and Pb-210[J]. Water Resources Research,1998,34 (4):879 - 887.

[97] Webb R H, R Hereford. Floods and geomorphic change in the southwestern United States:an historical perspective[C]. Proceedings-Federal Interagency Sedimentation Conference, Reno, Nevada, USA, 2001.

[98] 陈安强, 张丹, 范建容, 等. 元谋干热河谷区沟蚀发育阶段与崩塌类型的关系[J]. 中国水土保持科学, 2011, 9(4): 1 -6.

[99] 陈永宗. 黄土高原现代侵蚀与治理[M]. 北京:科学出版社, 1988.

[100] 陈永宗. 黄河中游黄土丘陵区的沟谷类型[J]. 地理科

学,1984,4(4):321-327.

[101] 鄂竟平. 在东北黑土区水土流失综合防治工作会的讲话
[EB / OL].(2003-09-24)[2015-12-20]. http://www.
hydroinfo. gov. cn/tpxw/201003/t20100329_195841. html.

[102] 范建容,刘淑珍,周从斌,等. 元谋盆地土地利用/土地覆
盖对冲沟侵蚀的影响[J]. 水土保持学报,2004,18(2):
130-132.

[103] 方海东,纪中华,沙毓沧,等. 元谋干热河谷区冲沟形成
原因及植被恢复技术[J]. 林业科技开发,2006,20(2):
47-50.

[104] 关君蔚. 水土保持原理[M]. 北京:中国林业出版
社,1996.

[105] 国家统计局. 中国统计年鉴[M]. 北京:中国统计出版
社,1999.

[106] 胡刚,伍永秋,刘宝元,等. GPS和GIS进行短期沟蚀研
究初探——以东北漫川漫岗黑土区为例[J]. 水土保持
学报,2004,18(4):16-19.

[107] 胡刚,伍永秋,刘宝元,等. 东北漫川漫岗黑土区浅沟和
切沟发生的地貌临界模型探讨[J]. 地理科学,2006,26
(4):449-454.

[108] 胡刚,伍永秋,刘宝元,等. 东北漫岗黑土区浅沟侵蚀发
育特征[J]. 地理科学,2009,29(4):545-549.

[109] 胡刚,伍永秋,刘宝元,等. 东北漫岗黑土区切沟侵蚀发
育特征[J]. 地理学报,2007,62(11):1165-1173.

[110] 景可. 黄土高原沟谷侵蚀研究[J]. 地理科学, 1986, 6 (4): 340 – 347.

[111] 景可, 王万忠, 郑粉莉. 中国土壤侵蚀与环境[M]. 北京: 科学出版社, 2005.

[112] 李智广, 王岩松, 刘宪春, 等. 我国东北黑土区侵蚀沟道的普查方法与成果[J]. 中国水土保持科学, 2013, 11 (5): 9 – 13.

[113] 刘宝元, 张科利, 焦菊英. 土壤可蚀性及其在侵蚀预报中的应用[J]. 自然资源学报, 1999, 14(4): 345 – 350.

[114] 刘兴土, 阎百兴. 东北黑土区水土流失与粮食安全[J]. 中国水土保持, 2009(1): 17 – 19.

[115] 刘元保, 朱显谟, 周佩华. 黄土高原坡面沟蚀的类型及其发生发展规律[J]. 中国科学院水利部西北水土保持研究所集刊(第 7 集), 1988: 9 – 18.

[116] 罗来兴. 划分晋西、陕北、陇东黄土区域沟间地与沟谷的地貌类型[J]. 地理学报, 1956, 23(3): 201 – 221.

[117] 孟令钦, 李勇. 东北黑土区沟蚀研究与防治[J]. 中国水土保持, 2009(12): 40 – 42.

[118] 母红丽, 邓青春, 刘辉, 等. 元谋干热河谷冲沟长度与汇水面积的关系[J]. 四川林勘设计, 2014(2): 10 – 15.

[119] 全国土壤普查办公室. 中国土壤普查数据[M]. 北京: 中国农业出版社, 1996.

[120] 沈波, 孟令钦, 陈浩生, 等. 东北黑土区水土流失综合防治规划[Z]. 长春: 松辽水利委员, 2005.

[121] 史培军,刘宝元,张科利,等．土壤侵蚀过程与模型研究 [J].资源科学,1999,21(5):9-18.

[122] 孙继敏,刘东生．中国东北黑土地的荒漠化危机[J].第 四纪研究,2001,21(1):72-78.

[123] 王小丹,钟祥浩,范建容,等．金沙江干热河谷元谋盆地 冲沟沟头形态学特征研究[J].地理科学,2005,25(1): 63-67.

[124] 徐宜军,李柯勇．50 年后东北黑土地即将从地球上消失 [N/OL].新华社,2003-03-08.

[125] 熊东红,杨丹,翟娟,等．元谋干热河谷冲沟沟头径流水 动力学特性及产沙效应初探[J].水土保持学报,2012, 26(6):52-56.

[126] 闫业超,张树文,李晓燕,等．黑龙江克拜黑土区 50 多年 来侵蚀沟时空变化[J].地理学报,2005,60(6):1015- 1020.

[127] 闫业超,张树文,岳书平．克拜东部黑土区侵蚀沟遥感分 类与空间格局分析[J].地理科学,2007,27(2):193- 199.

[128] 闫业超,张树文,岳书平．基于 Corona 和 Spot 影像的近 40 年黑土典型区侵蚀沟动态变化[J].资源科学,2006, 28(6):154-160.

[129] 阎百兴,沈波,刘宝元,等．中国水土流失防治与生态安 全:东北黑土区卷[M].北京:科学出版社,2010.

[130] 阎百兴,沈波,刘宝元,等．东北黑土区水土流失与生态

安全研究 [M]. 北京 : 科学出版社, 2007.

[131] 杨丹, 熊东红, 翟娟, 等. 元谋干热河谷冲沟形态特征及其成因 [J]. 中国水土保持科学, 2012, 10 (1) : 38 − 45.

[132] 尹佳宜, 伍永秋, 汪言在. 采用不同方法测量切沟的误差分析 [J]. 水土保持研究, 2008, 15 (1) : 242 − 246.

[133] 于伟. 土地利用伦理与土地退化防治 [J]. 水土保持学报, 2004, 16 (5) : 127 − 130.

[134] 于章涛. 东北黑土地四个小流域切沟侵蚀监测与侵蚀初步研究 [D]. 北京 : 北京师范大学, 2004.

[135] 余瑞冬. 黑土地严重水土流失 中国东北可能再成 "北大荒" [EB / OL]. (2002-12-16) [2015-12-20]. http: ∥ www. chinanews. com / 2002-12-16 / 26 / 253923. html.

[136] 张洪江. 土壤侵蚀原理 [M]. 北京 : 中国林业出版社, 2000.

[137] 张科利, 唐克丽. 黄土高原坡面浅沟侵蚀特征值的研究 [J]. 水土保持学报, 1991, 5 (2) : 8 − 13.

[138] 张科利. 浅沟发育对土壤侵蚀作用的研究 [J]. 中国水土保持, 1991, 4 : 17 − 19.

[139] 张科利. 陕北黄土丘陵沟壑区坡耕地浅沟侵蚀及其防治途径 [D]. 杨凌 : 中国科学院西北水土保持研究所, 1988.

[140] 张永光, 伍永秋, 刘宝元. 东北漫岗黑土区春季冻融期浅沟侵蚀 [J]. 山地学报, 2006, 24 (3) : 306 − 311.

[141] 张政玲, 张斌, 邓青春, 等. 元谋干热河谷区冲沟系统的

空间格局类型与地形成因[J]. 四川林勘设计,2014(4):
1 – 8.

[142] 郑粉莉,王占礼,杨勤科. 土壤侵蚀学科发展战略[J].
水土保持研究,2004,11(4):1 – 10.

[143] 朱显谟,史德明. 中国农业百科全书:水利卷[M]. 北
京:中国农业出版社,1987.

[144] 朱显谟. 黄土区土壤侵蚀的分类[J]. 土壤学报,1956,4
(2):99 – 115.

第2章 研究区域和研究方法

2.1 研究区域

2.1.1 概况

研究区位于黑龙江省九三农垦分局鹤山农场境内，鹤山农场建于1949年3月3日，位于黑河地区南部，嫩江县与讷河市北部边缘的交界处（图2-1）。地理位置为北纬48°43′~49°03′，东经124°56′~126°21′。这里是典型的东北黑土区，处于小兴安岭西南麓，小兴安岭向松嫩平原过渡的漫川漫岗地带，地形起伏不大，有坡长坡缓的特点，耕地坡度一般为1°~3°，大坡度为3°~6°。

2.1.2 地形特征

研究区属于大兴安岭南麓的丘陵漫岗地带，地势较高。地貌类型主要有低山丘陵、漫川漫岗、高阶地（山前台地）、低阶地（低平地）、河滩地、沟塘水线低洼地（荒草地）六大类（九

图 2 - 1　鹤山农场位置示意

三水利局，2001）。

　　低山、丘陵：低山，海拔高度在 500 m 以上，相对高差大于 200 m，坡降普遍≥1/20；丘陵，海拔高度 500 m 以下，相对高差低于 200 m，坡降普遍≤1/20。在本区内所有低山和丘陵呈复区分布，水土流失同属于水蚀类型，因此合称为山丘。山丘地貌有若干地貌单元：山顶、山脊、山坡、山麓、坡脊等。

　　漫川漫岗：简称漫岗，海拔高度在 400 m 以下，相对高差≤100 m，平均坡降 1/80 左右，有长条形舌状岗，也有馒头形堆状岗，两岗之间为漫川。漫岗有岗顶、岗背、岗肩等基层地貌单元。本区漫岗都已开垦成耕地，是严重的水土流失区。

高平地：指山前台地和河间台地。海拔高度为 200 ~ 400 m，坡降普遍≤1/300，高平地由台面、台坎等基层地貌单元组成。台面易涝，农场群众称之为"水岗地"，台坎水土冲刷严重，冲刷沟溯源侵蚀，1 ~ 2 年时间后，冲刷沟就进入台面，侵蚀耕地。

低平地：指漫岗间的开阔平地和江河的河漫滩一级阶地，海拔高度≤200 m。低平地易受水土流失冲刷的影响，冲淤积物淤漫水利工程。排水沟洪水出槽倒灌，耕地受灾。

低洼水线：在山、丘、岗之间到处分布着低洼水线，长有草甸、沼泽植被，形成林草泄洪带，季节性积水。坡降≥1/200。本区大部分低洼水线已开垦成耕地或者开挖成排水沟，2 ~ 3 年时间就会形成冲刷沟，侵蚀两侧耕地。

河滩地：河流的河床两侧开阔草地，称为河滩地（河漫滩）。在高河漫滩易受洪水冲刷，而低河漫滩易发生沉积，因此河漫滩极易发生水土流失。

总体来讲，地表起伏复杂，平原区少、面积小，丘陵间多为带状窄长沟谷，长年渍水，形成沼泽化草荒地。岗地一般为坡耕地，水土流失严重（水蚀和风蚀），其中有阔叶次生林防风林带。

2.1.3　土壤植被及土地利用

本区土壤主要有 3 种类型（鹤山农场，1985）：黑土，深度为 30 ~ 60 cm；棕色森林土，其中深度为 20 ~ 30 cm；沼泽土，其中深度为 40 ~ 50 cm。

（1）黑土

主要分布在平岗地、缓坡地，垦前植被为榛柴、五花草等，占总面积的 65.2%。腐殖质含量为 4%~6%，1 m 以内的底土腐殖质也达 1% 以上。土壤质地黏重，潜在肥力较高，保水保肥强，利于小麦、大豆、玉米的生长，是本区的主要土壤。但是，由于地形的起伏，易受水蚀和风蚀，造成破皮黄，形成二黄土，处于缓坡地及岗中洼地或平川地带。下坡由于接受了坡上冲下来的黑土，使原来的黑土层加厚，造成其底土黏重，不易浸透，易冷浆。

（2）黄沙土（棕色森林土）

主要分布在漫岗缓坡处，垦前植被为柞木林，成土母质为冲积沉积沙土，占总面积的 21.2%。黑土层较薄，一般为 20~30 cm，有的不到 10 cm。表土或底层均含有大量的砂砾，腐殖质含量低，0~20 cm 土层占 1%~3%。潜在肥力低，易水土流失，但地势相对高，干燥，土温较高，土壤排水性良好，成为本区旱涝保收的土地，作物产量稳定。

（3）草甸土（草甸沼泽土）

分布在沟谷水线上低洼处，植被为塔头、三棱草、沙草等喜温性植物。成土母质为冲积坡积物，土层深厚，表层 10 cm 左右草根称为"草垡子"，下为腐殖层，再下为潜育层，有大量铁锈斑，季节性积水沟至今多数未被开垦利用。该土的特点是：自然肥力高，腐殖质层厚。现在主要用于放牧和割草，如果稍加排水工程设施，即可开垦利用。

本区内的原始植被主要有乔木、榛柴、五花草、沼泽植被等（鹤山农场，1985）。目前原始植被基本都已被破坏，除了山丘自然次生幼林、沟塘荒草地及低洼沼泽地的沼泽植被外，其余都是农用耕地。

土壤、植被与地形地貌是相互一致的，地形、植被、土壤有规律地结合。同一降水量，不同土壤产生不同的径流量。同一降水量，同一土壤，分布在不同区域内，地面径流量也不同。地面径流量的大小，直接影响土壤侵蚀程度。

场内土地大部分已被开垦利用，根据 1996 年土地利用结构调查，耕地面积占到总面积的 67.1%，绝大多数是缓坡地，土地连片，块大坡长，适宜机耕，有利于大面积小麦、大豆生产。林业用地（防护林、自然林）占总面积的 11.8%，田间防护林大部分已成材，自然林分布在坡岗高地，多为榛柴、樟子松和落叶松。牧业用地占总面积的 10.8%，由于分布的地形不同，其植被也不同，坡地植被以小叶樟、五花草为主；沟塘植被以三棱草、沙草为主。鹤山农场土地利用详情如表 2 – 1（鹤山农场，2000）所示。

表 2 – 1　1996 年鹤山农场土地利用结构

	面积/ hm^2	比重/ %
土地总面积	26 889.6	100.0
一、农用地	24 195.0	90.0
1. 耕地	18 035.4	67.1
2. 园地	21.6	0.1
3. 林地	3186.4	11.8
4. 牧草地	2904.4	10.8

	面积/hm²	比重/%
5. 水面	47.2	0.2
二、建设用地	11 132.7	4.2
1. 居民点及工矿用地	569.1	2.1
（1）居民点	549.1	2.0
（2）独立工矿	20.0	0.1
2. 交通用地	419.1	1.6
3. 水流设施用地	144.5	0.5
三、未利用地	1561.9	5.8

2.1.4　气象气候

鹤山农场属寒温带大陆性季风气候，气候寒冷，气温冷热相差悬殊。夏季最热月份在 7 月，平均气温为 20.80 ℃，最高气温可达 37 ℃。冬季最冷的时间在 1 月，平均气温为 -22.5 ℃，最低气温可达 -43.7 ℃。初春温差较大，年均气温为 0.4 ℃左右。

本区全年降水较少，根据鹤山农场气象站自建站之处 1972—2003 年的降水资料显示，年均降水量为 534 mm，降水主要集中于 6—8 月，3 个月占到多年平均年降水量的 66.8%，其中又以 7 月、8 月为多，两个月份的多年平均月降水量分别达到162 mm 和 108 mm，分别占到全年降水量的 30% 和 20%。但春季降水较少，降水量仅占全年降水量的 13.1%（图 2 - 2）。

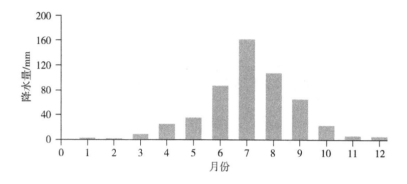

图 2 - 2　鹤山农场气象站多年（1972—2003 年）
平均月降水量分布

本区处于中高纬度亚洲大陆东岸，春季因大陆转暖，迅速转为低压区使空气不稳定，海上高压势力加强，加上气旋活动频繁，使本区春季大风次数多，一般多集中在 4—5 月，7 级以上大风平均 7 次以上，有些年份多达 12 ~ 14 次之多。

春季降水少，加之春季风多风大，温度回升快，气候干燥，土壤水分蒸发量大，易发生春旱，而夏秋季由于雨多集中，土壤水分往往处于饱和状态，易发生涝灾，春旱夏涝是本区气候的一大特点。有关鹤山农场所涉及的气象因素如表 2 - 2（九三水利局，2001）所示。

表 2 - 2   鹤山农场农业气象要素统计

单位	年平均气温/℃	年平均降水量/mm*	年平均蒸发量/mm	干燥指数（K 值）	≥10 ℃有效积温/℃	8 级以上大风次数/（次/年）	无霜期/天
鹤山农场	0.4	534.0	1208	0.4	2150.0	7.0	112.5

注：＊表示根据鹤山农场气象站 1972—2003 年降水资料订正。

2.2   研究方法

本研究主要以地理信息系统（GIS）、遥感（RS）、全球定位系统（GPS）、地貌学、土壤侵蚀、计算机等学科的原理为理论基础，使用数字地形分析的原理与方法、理论分析与实际验证相结合的分析方法，结合统计分析、数学模型等分析研究方法，对侵蚀沟道进行多方面的研究与讨论。

具体来讲，本研究主要采用 3S（GIS、GPS、RS）技术平台，采用野外差分 GPS 采集样点，室内将采集数据利用 GIS 技术构建 DEM，从 DEM 就可以提取有关沟道的诸如长度、宽度、深度等参数，进而可以进行空间叠加分析等相关处理，并对其进行有关短期沟蚀分析。对于沟道的长期变化，一方面结合早期的土地利用详查资料，其中沟蚀调查是其中的重要内容；另一方面通过遥感航片的解译，提取有关沟道参数，进而对其长期变化进行分析研究。对于沟道发生区域预测，则在构建流域 DEM 基础上，主要利用预测沟蚀发生的地貌临界模型进行分析。而对于垄沟的调查，则采用沟蚀测量仪进行数据采集，后期通过数字图像矢量化得到。

研究中以 GPS 的空间定位和 GIS 的空间分析功能来探讨沟道侵蚀发生的特点，弥补了单纯的侵蚀数据分析忽略侵蚀发生空间属性的不足。在此，对于本研究中主要采用的 GPS 构成及其测量予以详细介绍，而对于诸如沟道特殊形态 DEM 构建、垄沟监测和航片的解译等则放在后面相关章节进行介绍。

本研究所用的差分 GPS 为天宝 4700（Trimble 4700）双频 GPS，动态测量水平精度为 10 mm + 1ppm，垂直精度为 20 mm + 1ppm，其配置主要包括基准站、移动站、基准站电台和手簿（图 2 - 3），接收机为双频 GPS 接收机，共两台，一台安置在基准站，另一台安置在流动站。基准站接收机架设在已知坐标的桩点上，连续接收所有可视 GPS 卫星信号，基准站电台将测站坐标、载波相位观测值、伪距观测值、卫星跟踪状态及接收机工作状态通过数据链发送出去，流动站接收机在跟踪 GPS 卫星信号的同时接收来自基准站的数据，通过实时差分处理得到 GPS 流动站每个点位的坐标，并暂时存储于 GPS 手簿中。

沟道研究中所用到的 DEM 涉及较小空间尺度（与流域尺度或更大空间尺度相比），有限的时间和研究的本质决定了采样点需要集中于地形变化较大的地方，如沟头、沟缘边和沟底边等（图 2 - 4）。由于沟缘与沟底发育并非同步，特别是在沟身部分，沟缘部分由于植被的生长可能已趋于稳定并保持原始的破碎状态，而沟底则由于侧蚀作用对原有破碎沟底进行了重新塑造，使其趋于平整，这样在测量过程中沟缘边与沟底边的采点密度势必有所不同。对于处于发育阶段的沟道来讲，经常

a 基准站

b 移动站

图 2 – 3　RTK-Trimble 4700 的组成

存在沟道宽度较窄而沟道深度较深的情况，其横断面近乎 U型，所有这些都对 DEM 的生成提出了特殊的要求。

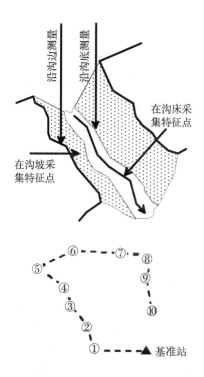

图 2 − 4　RTK-Trimble 4700 沟道数据采集示意

GPS 采集的数据是应用 GIS 进一步处理的数据源，根据研究目的对 GPS 采集数据提出了特殊要求；同时在满足数据处理要求的前提下 GPS 采集数据本身也同样存在一些要求。如前所述，在 DEM 生成过程中，硬隔断线起着非常重要的作用。硬隔断线中的节点（vertex）和结点（node）不仅是构成沟道地貌的特征点，而且是沟缘线和沟底线的组成部分。在野外测量中一般是在考虑重要地形碎部点的前提下随机采点，这样就给硬隔断线的建立带来了很大的困难，特别是对于野外与室内工作分离单独进行更是如此，因为室内工作人员并不熟悉具体的沟缘与沟底情况，所以这就要求我们在野外采点时对组成沟缘线和沟底线的点与其他特征点相区别。关于这一点，可在野外采点时利用 GPS 点的自动累加功能在点的名称上加一属性字母就可解决，而无须添加较为复杂的其他属性。

为了较好地建立沟道三维形态，一般对沟道周围也要进行采点，在采点较少的情况下采点位置与沟道所在位置的距离不宜过远，防止在利用 Delauney 准则构建不规则三角网过程中长三角形的出现。

只有剔除由于 GPS 测量过程中产生的误差才能够较为准确地反映沟道本身的变化。由于沟道的形态变化较大，事前一定要制定较为详细的测量标准，以便于进行不同时空的对比分析研究，包括采样密度（采样间距）、采样部位、沟道的形态判断标准等。根据我们的测量，一般采样间距在 2 m 左右就可以满足沟道形态测量要求，对于沟道不同部位可以进行适当地调整，如沟头要进行加密测量，而变化平缓的沟身可以适当地增大采样间距。对同一条沟道进行不同时间的反复测量，第一次测量尤为重要，整个沟道形态都要进行较为详细的测量，在其后的测量中，可以根据沟道的发展情况进行适当地调整，但这种调整要做详细的记录，以便室内结合首次测量结果进行沟道形态的恢复。

将 RTK-Trimble 4700 手簿中的采样点数据通过 Data transfer 软件导入 Trimble 自带数据处理软件 TGOffice（Trimble Geomatics Office）（图 2 - 5），然后将其导出为 GIS 可以处理的 shp 数据格式。

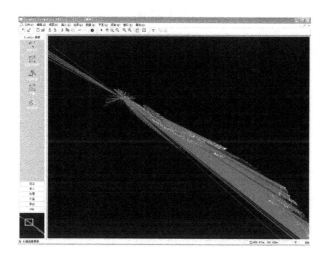

图 2 - 5 Trimble Geomatics Office 导入数据界面示意

参考文献

[1] 鹤山农场. 鹤山农场土地利用总体规划(1997—2010 年)
[Z]. 黑龙江省鹤山农场,2000.

[2] 鹤山农场. 鹤山农场史[Z]. 1985.

[3] 九三水利局. 九三垦区水保基本情况[Z]. 2001.

第3章 沟道 DEM 构建及
约束算法的影响

数字高程模型（Digital Elevation Models，DEM）表示地表区域地形的三维向量的有限序列，即地表单元上高程的集合。DEM 是水文模型、土壤侵蚀模型中地形参数的主要来源，在地貌定量分析、流域水文和土壤侵蚀模拟分析、工程设计、遥感图像辅助分类等方面具有重要用途（McMaster，2002），像水文评价中所需的诸如坡度、坡向、湿度指数、水流速度等地形参数都来自于 DEM 数据（Conforti 等，2010），而由 DEM 得到的坡度和坡长又是计算（R）USLE 中的 LS 因子的必要参数。与传统的地形信息获取途径相比，以计算机为基础的 DEM 数据是一种廉价高效的地面信息获取方式（Irfan Ashraf 等，2011）。

常规 DEM 一般通过原始高程数据点插值得到，尽管技术的进步使得采集密度更高的数据成为可能，但 DEM 表面仍然反映的是原始数据点定义的地形面（Murphy 等，2008）。基于差分 GPS 采集的不规则分布数据样点，利用 GIS 中的 3D 模块构建 DEM，其建立实质为数据规则化处理过程。

通常，规则格网 GRID、不规则三角网 TIN（Triangulated Irregular Network）和等高线是表示 DEM 最为常用的形式，在实际分析应用中又以 GRID 和 TIN 两种形式最为常见。两种格式 DEM 各有优劣,如 TIN 格式在表达精度及线形地形特征表达等方面具有优势(李晓印等,2009);但是 GRID 优点也十分明显,如空间分析与计算方便有效、数据存储量少和结构简单等(李志林,朱庆著,2001)。根据 DEM 构建过程的不同又可以分为直接法和间接法。直接法是直接通过采样点内插建立 DEM;间接法是利用点数据建立 TIN 模型,然后再在 TIN 模型上通过线性内插等方法形成格网 DEM。

无论是直接法还是间接法构建的 DEM,在插值过程中,诸如山谷、山脊、断裂线等地形结构线都对地形结构起着控制作用,作为约束条件参与插值运算过程。基于 DEM 获取的地形信息质量,一方面依赖于 DEM 的准确性和分辨率,另一方面也与计算相关属性信息的算法有关(Irfan Ashraf 等,2011)。现有研究中多集中于分辨率和算法对相关属性因子的影响(汪邦稳等,2007;罗红等,2010;杨勤科等,2010;Liu 等,2011),对于 DEM 准确性的研究尚不多见。

沟道的发展使其沟身快速发展,沟缘和沟底边特征突出,而且有些部位沟壁近乎垂直,沟缘宽度甚至小于沟深。显然,对于沟道这一侵蚀地貌特征实体来讲,要构建其准确的 DEM 模型,需要将沟底线和沟缘线作为约束条件参与到 DEM 构建过程中。有鉴于沟道在相对较小空间尺度上的特殊地形特征,本章对于直接法和间接法构建的 DEM,即 GRID 和 TIN 格式的沟道 DEM 的构建及其表现特征分别予以讨论。

3.1　沟道 TIN 模型

3.1.1　TIN 及 Delauney 准则

不规则三角网（TIN）以数字方式来表示表面形态，其表面可由表面源测量值生成，也可由另一功能性表面转换而来。TIN 表面可以由包含高程信息的要素（如点、线和面）来创建，其中使用点作为高程数据的点位置，使用具有高度信息的线来强化自然要素，如湖泊、河流、山脊和山谷。

作为基于矢量的数字地理数据的一种形式，TIN 通过将一系列折点（点）组成三角形来构建。各折点通过由一系列边进行连接，最终形成一个三角网。形成这些三角形的插值方法有很多种，如 Delaunay 三角测量法或距离排序法。我们所采用的 ArcGIS 支持的是 Delaunay 三角测量方法。满足 Delaunay 三角形准则生成的 TIN，确保不会有任何折点位于网络中各三角形的外接圆内部。如果 TIN 上的任何位置都符合 Delaunay 准则，则所有三角形的最小内角都将被最大化，这样会尽可能避免形成狭长三角形。

Delaunay 三角剖分一般必须符合以下两个重要的准则。

①空圆特性：Delaunay 三角网是唯一的（任意四点不能共圆），在 Delaunay 三角形网中任一三角形的外接圆范围内不会有其他点存在。

②最大化最小角特性：在散点集可能形成的三角剖分中，Delaunay 三角剖分所形成的三角形的最小角最大。从这个意义上讲，Delaunay 三角网是"最接近于规则化"的三角网。具

体来说，是指在两个相邻的三角形构成凸四边形的对角线，在相互交换后，6 个内角的最小角不再增大。

3.1.2 TIN 中的隔断线及其影响

沟蚀研究中所用到的 DEM 涉及较小空间尺度（与流域尺度或更大空间尺度相比），有限的时间和研究的本质决定了采样点需要集中于地形变化较大的地方，如沟头、沟缘边和沟底边等。由于沟缘与沟底发育并非同步，特别是在沟身部分，沟缘由于植被的生长可能已趋于稳定并保持原始的破碎状态，而沟底则由于侧蚀作用对原有破碎沟底进行了重新塑造，使其趋于平整，这样在测量过程中沟缘边与沟底边的采点密度势必有所不同。对于处于发育阶段的沟道来讲，经常存在沟道宽度较窄而沟道深度较深的情况，其横断面近乎 U 型，所有这些都对 TIN 的生成提出了特殊的要求，即在构建不规则沟道 DEM 过程中需要添加隔断线。

隔断线是根据光滑性和连续性来定义和控制地表形态的，当隔断线加入表面模型后，它们会对表面形态产生重要影响，隔断线能够表现并迫使表面形态产生变化。隔断线的 Z 值可以是固定的，也可以是在整个长度上存在变化的。作为具有或不具有高度测量值的线，在 TIN 中这些隔断线会成为一条或多条三角形边的序列。隔断线通常用于呈现自然要素（如山脊线或河流）或建筑要素（如道路）。

一般来讲隔断线有 3 种：硬隔断线、软隔断线和断层。硬隔断线表示表面上突然变化的特征线，用于表示表面坡度的不连续性，如山脊线、悬崖及河道等，硬隔断线上的点参与 DEM 插值计算，硬隔断线能够捕获表面的突变并能改进 TIN

的显示和分析质量。软隔断线是添加在 DEM（TIN 格式）表面上用以表示线性要素但并不改变表面形状的线，软隔断线用于向 TIN 添加边，以捕获不会改变表面局部坡度的线状要素，但软隔断线上的点不参与 DEM 的插值计算（汤国安等，2005）。本书中所提隔断线主要指硬隔断线。

在复杂地形中如果不考虑重要特征线而直接将原始采样数据生成 TIN 将会产生许多问题，如图 3 - 1 所示，在未加特征线的情况下 Delaunay 三角剖分将沟底边测点与对岸沟缘点相连接，有些地方甚至沟缘点直接相连（图 3 - 1a）。

Arc / Info 的 TIN 模块提供了隔断线功能，这一概念主要基于地表光滑和连续的考虑。隔断线通过强制使其成为三角形的边线来达到在 TIN 中保持线形特征的目的，每一隔断线的结点（node）和节点（vertex）变成三角形的结点。如果隔断线的节点和结点加上后仍不能满足 Delauney 准则，节点自动加到隔断线上直到 Delauney 准则得到满足，新加节点的 Z 值沿隔断线由线形插值得到。隔断线有硬隔断线和软隔断线之分，软隔断线对地表光滑特性不产生影响，只有硬隔断线才会阻断对地表的光滑特性。软硬隔断线只有在用五次多项式插值来生成光滑表面时才会比较清楚，在本质上硬隔断线是作为障碍对五次多项式内插产生影响的，当三角形的边线遇到硬隔断线时其光滑的特性就被中断，因为这时在插值过程中不再考虑周边三角形的影响。当硬隔断线穿过表面时表面就显示出线性变化，硬隔断线的另一侧的表面仍是连续而光滑的。

这里需要注意的是，在定义地表 Z 值方面，无 Z 值的隔断线对地表的模型的建立起不到任何作用。而无论线状地物的 Coverage 还是 Shapefile 中的线形特征的特征属性表中都不存在相应节点和节点的高程属性，并且地表硬隔断线中各节点

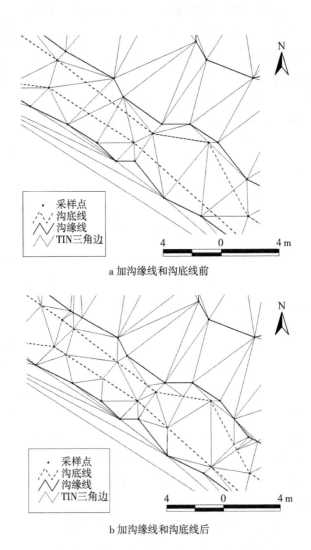

a 加沟缘线和沟底线前

b 加沟缘线和沟底线后

图3-1 加沟缘线和沟底线前后 Delaunay 三角剖分结果示意

（vertex）的高程值一般也各不相同，因此，可以考虑将硬隔断线转化为 generate 输入文件格式。图 3 - 2 就是通过添加硬隔断线构建的 TIN。可以看到加硬隔断线后所建 3D 图较好地反映了沟道的原始形态。有关构建 DEM 对体积的拟合程度，将在下面予以讲述。

a 野外真实形态

b 加硬隔断线后生成 TIN

注：生成 TIN 数据为 Sidui gully3。

图 3 - 2　加硬隔断线后生成 TIN 与野外真实形态对比

3.1.3 与传统方法对比

虽然差分 GPS 的测量精度可以达到厘米级，但在地形破碎程度一定的情况下，通过差分 GPS 采点做出的 DEM 对侵蚀沟形态的模拟吻合程度与采点密度有关。对于精度要求较高的研究来讲，差分 GPS 完全可以满足研究的需要，但对于较大空间尺度的沟蚀调查，如果是仅仅要求得到面上的沟蚀量的话，差分 GPS 是否具有优势还很难确定。为了了解差分 GPS 测量与传统测尺测量方法的优劣，笔者对两种方法进行了对比分析。

用于对比分析的沟道为 Sidui gully2，在 2004 年 6 月用差分 GPS（Trimble 4700）对其进行野外测量采点，室内用 Arc/info 8.3 作为平台将野外数据进行处理，生成 DEM，在 3D Analysis 模块中计算体积，此种方法我们暂且简称为现代方法。同时用传统的卷尺也对沟道参数进行了测量，以对比两种方法的结果。用卷尺每隔 5 m 测量一个横断面，为较为客观地反映沟蚀状况，在每个横断面测量它的上下底宽及深度，这样截面积与隔断距离的乘积累计就得到 gully2 的体积。

两种方法所测体积如图 3-3 所示。从各段的体积来看，两种方法所测得的每段体积并非完全一致，而是存在些许跌宕交错，特别是从沟头起的 90 m 范围内，最大差值 14.6 m³ 出现在 45 m 处，但纵观整体两者差别不大，特别是从测量的总体体积来看，用 DEM 算得的体积为 916.15 m³，传统方法得到的体积为 924.06 m³，两者仅相差 7.91 m³，占到 GPS 所测体积的 0.86%。对于两种方法测得的各段体积之所以出现相对较大差值，分析其原因主要应该是沟道本身的曲折变化及两

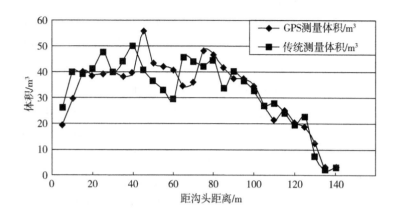

图 3 - 3　现代方法与传统方法测量体积各段对比

种方法的参考点位不一致所致。对于沟道本身宽度和深度变化较大的沟道来讲，传统方法是按固定的测量间隔进行的，并没有考虑沟道本身的曲折变化，因此，在测量间隔点位上测量的形态参数在一定范围内可能有很大的随机性，并不代表这一测量间隔的整体情况。同时，尽管两种方法测量的间隔都是5 m，但在沟道较长的情况下，尤其是在沟道比较曲折的情况下，从沟头起算的用传统方法测得的 5 m 点位难免出现与 GPS 测得的 5 m 点位不一致的情况，这就使得两种测量结果可能出现整体或局部的系统偏差。由此可见，差分 GPS 测量考虑了沟道本身的曲折变化，由此计算得出的体积更接近实际的体积。尽管如此，如果是仅仅为了得到沟道的侵蚀总量，只要传统方法的测量间隔较小，就能够有效地减小由于测量的随机性所带来的误差，使其相对更接近实际。

对于所需的工作量来讲，根据我们数次野外测量经验，一般是沟道的长度越长（1000 m 以上），差分 GPS 测量所需的工作量与传统方法相比越大，这是因为沟道越长，传统的测量间隔可以相应加大，但 GPS 的采样点密度并没有因为沟道长度的增加而减小。

理论上，差分 GPS 具有可以全天候工作的优点，能为用户提供连续、实时的三维位置和三维速度的精密时间，并且不受天气的影响；定位精度可达厘米级和毫米级。但在我们的野外应用中，流动用户接收机和基准站间的数据链接经常受到林带等不可视因素的影响，这就影响了差分 GPS 的测量范围。

可见，对于较大空间尺度的沟蚀研究调查，在一定的精度范围内，传统方法就可以满足研究的需要。但对于精度要求较高，研究对象是数条沟道的话，差分 GPS 应该是最佳的选择，它不仅可以计算侵蚀量，更为重要的是它可以表现局部细微处的侵蚀或沉积变化。

3.2 沟道 GRID 模型

3.2.1 规则格网 DEM 及网格化

规则格网 DEM 在实际应用中可分为两种，即表面型和离散型（图 3-4）。表面型即 ARC／INFO 中的 lattice 数据格式，反过来讲，lattice 是 GRID 的表面解译，由具有相同起点并在 x、y 方向有恒定等间距取样的网格点阵列组成，每个 lattice 网格点的 Z 值只是代表该点的高程值，该网格点一般被看作是 GRID 的格网中心点，网点间的高程值可由相邻的网点插值得到；对离散型 GRID 来讲（即 GRID 的离散解译），每个

GRID 网格（grid cell）看作是具有相同属性值的正方形单元，格网内的所有位置被认为具有相同的值。由此可见，lattice 格式支持准确的表面计算，美国地质调查局（USGS）就是使用这种数据格式来构建 DEM 产品的。这里我们提到的 GRID 格式 DEM 相当于 ARC／INFO 中的 lattice 格式。

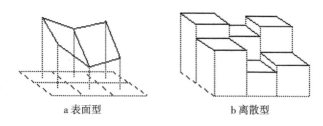

a 表面型　　　　　　　　　b 离散型

图 3 - 4　表面型和离散型 DEM

利用原始高程数据构建栅格 DEM 的关键是网格化，即把以 X、Y、Z 数据文件格式表示的、通常是不规则分布的原始数据点（采样点），经过数学方法处理，构筑一个规则的空间矩形网格的过程。原始数据的不规则分布，意味着地图区域范围内的点没有特定的模式可以遵循，以致可能会造成缺失数据的"空洞"。网格化则用外推或内插的算法填充了这些"空洞"。

不规则分布的数据点（采样点）是插值计算生成网格节点值的基础，利用野外测量数据构建规则格网，网格化过程中使用比较常用的 Kriging 方法，其中用来确定每一个结点插值运算时所用数据点的邻域变异图模型为线性。根据点型和块型克里格方法的特点（Isaaks 等，1989），Kriging 类型选择为点型克里格方法。

3.2.2 GRID 隔断线及其约束影响

在网格化插值运算过程中，遇到地形特征线时，需要对其做特殊处理，即将其作为硬隔断线约束插值运算。硬隔断线是三维线文件，该文件定义了该隔断线上每一节点的 X、Y、Z 值。对于 TIN 模型来讲，其按照 Delauney 算法完成模型自动生成，其中隔断线通过强制使其成为三角形的边线，来达到在 TIN 中保持线性特征的目的，并且如果在隔断线的结点 (node) 和节点 (vertex) 加入算法后若仍不能满足 Delauney 准则，节点自动加到隔断线上，直到 Delauney 准则得到满足，新加节点的 Z 值沿隔断线由线性插值得到 (胡刚等，2004)。

与之相比，对规则格网 DEM 而言，在对原始数据进行网格化 (gridding) 过程中，当网格算法遇到隔断线时，首先计算在隔断线上距其最近点的 Z 值 (图 3-5)，然后用该点数值结合附近数据点来计算得到网格节点的值。一般来讲，在网格化过程中使用线性插值方法计算得到隔断线两个节点之间的值。TIN 构建过程中，隔断线对插值运算有所限制，即插值计算只在隔断线的两侧分别进行。网格化过程中，除断层外，隔断线不会阻碍信息流，网格算法可以穿过隔断线，用与待求网格点相对应的隔断线另一侧的点来参与插值运算。若采样点在隔断线上，则一般取隔断线上的值而非点值。

在网格化计算方法中，并非所有插值方法都支持隔断线约束算法。支持隔断线的插值方法有：距离反比法 (Inverse Distance to a Power)、克里格法 (Kriging)、最小曲率法 (Minimum Curvature)、最近临点法 (Nearest Neighbor)、径向基本函数法 (Radial Basis Functions)、移动平均法 (Moving Aver-

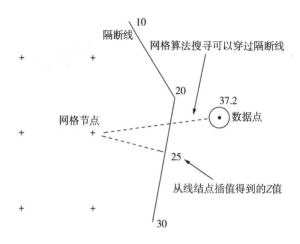

图 3 - 5　有隔断线的网格算法示意

age)、数据度量法 (Data Metrics) 和局地多项式法 (Local Polynomial)。

3.2.3　约束条件下的规则格网 DEM

规则格网 DEM 数据同样以野外差分 GPS 测量数据为基础，测量主要选择地形特征点、沟缘线和沟底线进行，在 118.98 m×84.93 m 的区域范围内共测得 329 个样点，样点间最小的最近邻点距为 0.02 m，最大的最近邻点距为 12.41 m，平均为 1.79 m，最近邻点距的中值为 1.07 m。

沟道的特殊形态决定了沟底线和沟缘线是其基本的硬隔断线，添加隔断线前后所生成的规则格网 DEM 如图 3 - 6 所示。

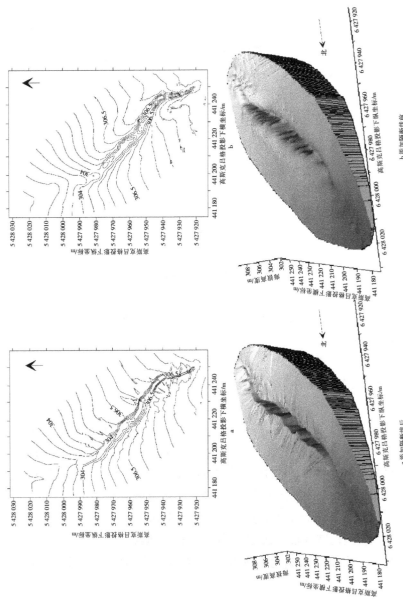

图 3-6 隔断线添加前后的网格规则格网及等高线

从表面形态来看，与未加隔断线的沟身相比，添加隔断线的沟身出现较多"褶皱"，结合沟身所处的地貌部位来讲，这正反映了沟身两侧径流对其侵蚀所形成的地貌形态特征。对于沟底形态来讲，未加沟底边和沟缘线作为隔断线的规则格网（格网间隔0.2 m）沟底形态不规则，等高线出现若干"孤岛"。将实测的沟底线与网格化插值生成的沟底线对比（图3-7a），可以看到未加隔断线的规则格网沟底形态凹凸不平，与实测沟底边线相比差别较大；而添加隔断线后，网格化插值得到的规则格网（格网间隔0.2 m）则与实测形态符合较好，除沟头部分稍有差异外，沟身插值得到值与实测值近乎一致。而且对比分析直接添加约束条件构建的规则格网DEM，与由TIN转换而来的同等分辨率的规则格网DEM的沟底线两者（图3-7b），可以发现，从沟头到沟道上游，无论是与实测值还是与带约束算法的规则格网DEM相比，由TIN转换得到的规则格网DEM得到沟底线起伏变化较大。这说明，直接带约束算法生成的DEM优于依据同样点所构建TIN转换而来的同等分辨率的规则格网DEM。

通过对其他格网大小DEM分析发现，从沟头到约28 m处（全长142 m）不同分辨率格网提取沟底线都存在不同程度的偏差，并且随着格网变小（即分辨率提高），偏差趋于减小。之所以出现这种情况，是因为该沟到上游部位侵蚀发育强烈所致。根据航片、土地利用详查等资料的调查，该沟发育约20~30年时间，侵蚀主要发生在上游，特别是沟头部位，冬春季冻融侵蚀导致的沟壁坍塌后退，而在雨季沟壁的坍塌物被径流冲刷带走，形成陡峻的沟壁；与之相比，沟身已经趋于稳定，沟壁部位生长有灌丛，而且沟壁坡度相对较小，这样就使得沟道上游部位作为隔断线的沟缘线和沟底边线分布的平面距

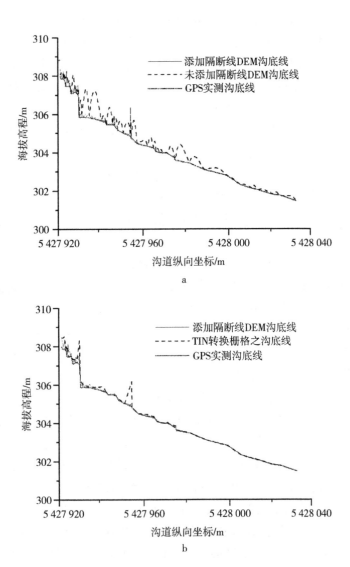

图 3-7　隔断线添加前后沿沟底线的纵断面线

离很近，有些沟坡近乎垂直，对于沟底边隔断线附近的沟底网点来讲，则有更多的可能利用沟缘上的点来进行插值运算，使得沟底隔断线附近格网网点的值与实际相比偏大。对于沟缘上的点也存在类似趋势，具有使其偏小的可能。

此外，网格化过程中的插值方法对结果也有一定影响。由于 Kriging 是一种局部插值方法（朱求安等，2004），在网格化插值计算过程中只利用部分样点来进行，并非利用全部已知数据点，而且由于添加隔断线进行网格化过程中，不像断层，隔断线对信息流没有阻碍，网格算法可以穿过隔断线用隔断线另一侧的点参与计算，这就使得在隔断线两侧样点分布较为密集且 Z 值差别较大的情况下，隔断线附近插值得到的格网节点值与实际值存在一定的误差。

3.2.4 网格分辨率的影响

通过计算不同网格大小的插值结果与差分 GPS 测量值间的 RMSE（Root Mean Square Error，RMSE 指标），得到表 3 - 1。

表 3 - 1 不同网格大小下的插值结果与差分 GPS 测量值间的 RMSE

网格大小/m	0. 2	0. 3	0. 7	1. 0	2. 3	3. 0
RMSE	0. 03	0. 04	0. 15	0. 16	0. 30	0. 61

从表 3 - 1 中可以看出，随着分辨率的减小，插值与测量值的 RMSE 随之增大，如在网格大小为 0. 2 m 时，插值与测量

值间的 RMSE 只有 0.03，而当网格大小依次增大到 0.3 m、0.7 m、1.0 m、2.3 m、3.0 m 时，插值与测量值间的 RMSE 分别为 0.04、0.15、0.16、0.30 和 0.61。

当然，随着网格间距的减小，网格化所需要的时间成本也随之上升。以计算机主频 2.4 GB、内存 2 GB 的计算机为例，如果取其最小的最近邻点距 0.02 m 为网格间距竟需要 5520 s，而在网格化取样间距 0.03 m 的规则格网网格化耗时达到 2670 s，当网格间距为 0.12 m 时，用时 200.8 s。

3.3 结语

沟道作为一种线性地貌形态，由于其空间尺度和形态特征的特殊性，特别是那些处于快速发育阶段的侵蚀沟，沟缘线与沟底线近乎垂直，这就给利用 GPS 采点构建 DEM 提出了特殊的要求。无论是对原始采样点的直接插值还是间接插值，都需要在构建过程中根据地形特点添加隔断线进行约束才可以较好地拟合侵蚀沟表面形态。

通过对添加隔断线的 TIN 与实测数据分析比较，野外 GPS 测点构建的 TIN 模型能够较好地反映沟道的形态特征。对比表明，TIN 模型算得的沟道体积数据与传统卷尺测量算得的数据都相对较好地反映了沟道的体积状况，但 TIN 模型显然可以更好地呈现局部细节和蚀积的空间变化。

与差分 GPS 测量相比，传统卷尺测量不能表现沟道在细节上的变化，并受到测量间隔及精度的限制。对于空间位置特征的表现正是 GPS 及 GIS 的特长所在，它不仅可以计算侵蚀量，更为重要的是它可以表现局部细微处的侵蚀或沉积变化。但对于较大空间尺度的沟蚀研究调查来讲，在一定的精度范围内，传统方法就可以满足研究的需要。

　　在 TIN 和规则格网 DEM 构建过程中，隔断线的插值算法有所不同。TIN 构建过程中，插值计算只在隔断线的两侧分别进行。与之相比，除断层外，网格化过程中的隔断线不会阻碍信息流，网格算法可以穿过隔断线，用隔断线另一侧的点来参与待求网格点的插值运算。而且研究发现，带约束条件的规则格网 DEM 与地形的拟合程度，优于依据同样点所构建 TIN 转换而来的同等分辨率的规则格网 DEM；而且随着格网间距的减小，与实测值间的 RMSE 也随之减小。这说明，随着规则格网间距的减小，尽管计算机计算的时间成本有所增加，但规则格网 DEM 对地形的表现能力渐趋增强。

参考文献

[1] Conforti M,P P C Aucelli,G Robustelli,et al. Geomorphology and GIS analysis for mapping gully erosion susceptibility in the Turbolo stream catchment(Northern Calabria,Italy)[J]. Natural Hazards,2011,56(3):881 -898.

[2] Ashraf M Irfan,Zhengyong Zhao,P A Bourque,et al. GIS-evaluation of two slope-calculation methods regarding their suitability in slope analysis using high-precision LiDAR digital elevation models[J]. Hydrological Processes,2012,26(8):1119 - 1133.

[3] Isaaks E H,Srivastava R M. An introduction to applied geostatistics[M]. New York:Oxford University Press,1989.

[4] Liu Honghu,Jens Kiesel,Georg Hörmann,et al. Effects of DEM horizontal resolution and methods on calculating the slope length factor in gently rolling landscapes[J]. Catena,2011,87 (3):368 -375.

[5] Mcmaster Kevin J. Effects of digital elevation model resolution on derived stream network positions[J]. Water Resources Research,2002,38(4):13-1 - 13-8.

[6] Murphy Paul N C, Jae Ogilvie, Fan Rui Meng, et al. Stream network modelling using lidar and photogrammetric digital elevation models:a comparison and field verification[J]. Hydrological Processes,2008,22(12):1747 - 1754.

[7] Pellerin Pierre, Robert Benoit, Nick Kouwen, et al. On the use of coupled atmospheric and hydrologic models at regional scale [M]. New York: Springer US,2000.

[8] Renard K G, G R Foster, G A Weesies, et al. Predicting soil erosion by water: a guide to conservation planning with the revised universal soil loss equation(RUSLE) [M]. Washington DC: USDA Agricultural Handbook,1997.

[9] Thompson James A, Jay C Bell, Charles A Butler. Digital elevation model resolution: effects on terrain attribute calculation and quantitative soil-landscape modeling[J]. Geoderma,2001, 100(s1 − 2):67 − 89.

[10] Warren S D, M G Hohmann, K Auerswald, et al. An evaluation of methods to determine slope using digital elevation data [J]. Catena,2004,58(3):215 − 233.

[11] Zhao Zhengyong, Glenn Benoy, Thien Lien Chow, et al. Impacts of accuracy and resolution of conventional and LiDAR based DEMs on parameters used in hydrologic modeling[J]. Water Resources Management,2010,24(7):1363 − 1380.

[12] 陈学工,黄晶晶. Delaunay 三角网剖分中的约束边嵌入算法[J]. 计算机工程,2007,33(16):56 − 58.

[13] 胡刚,伍永秋,刘宝元,等. GPS 和 GIS 进行短期沟蚀研究初探——以东北漫川漫岗黑土区为例[J]. 水土保持学报,2004,18(4):16 − 19.

[14] 胡刚,伍永秋,刘宝元,等. 东北漫岗黑土区切沟侵蚀发育

特征[J]. 地理学报,2007,62(11):1165 – 1173.

[15] 李晓印,郭达志,张佃国. DEM 与 TIN 的数据精度与应用领域的对比分析[J]. 济南大学学报:自然科学版,2009,23(1):76 – 79.

[16] 李志林,朱庆. 数字高程模型[M]. 武汉:武汉大学出版社,2001.

[17] 林杰,张波,李海东,等. 基于 HEC-GeoHMS 和 DEM 的数字小流域划分[J]. 南京林业大学学报:自然科学版,2009,33(5):65 – 68.

[18] 罗红,马友鑫,刘文俊,等. 采用最大溯源径流路径法估算 RUSLE 模型中地形因子探讨[J]. 应用生态学报,2010,21(5):1185 – 1189.

[19] 杨昕,汤国安. ARCGIS 地理信息系统空间分析实验教程(附光盘)[M]. 北京:科学出版社,2009.

[20] 汪邦稳,杨勤科,刘志红,等. 基于 DEM 和 GIS 的修正通用土壤流失方程地形因子值的提取[J]. 中国水土保持科学,2007,5(2):18 – 23.

[21] 杨勤科,郭伟玲,张宏鸣,等. 基于 DEM 的流域坡度坡长因子计算方法研究初报[J]. 水土保持通报,2010,30(2):203 – 206.

[22] 朱求安,张万昌,余钧辉. 基于 GIS 的空间插值方法研究[J]. 江西师范大学学报:自然科学版,2004,28(2):183 – 188.

第4章 垄沟侵蚀现状

垄沟耕作栽培在国内外均具有悠久的历史（于舜章等，2005）。垄作耕法是东北黑土区常用的传统耕作方法，是广大农民长期与大自然做斗争的经验积累形成的一种耕作方式，这种耕法以其紧实的垄台保持较丰富的毛管水供应干旱时作物苗期所需水分，同时垄台土壤温度较高，有利于作物根系扎至深层土壤而抗旱。在多雨季节，垄沟又可保存多余雨水或通过垄沟排出耕地之外，使垄台土壤水分不过多。

垄沟耕作作为一种水土保持复合耕作法，在改变地表地形的同时，能够拦蓄部分径流，相对增加土壤蓄水，减少土壤流失，而且利于作物通风透光，充分发挥边行优势，且光能利用率高，提高水分利用率，达到增产目的（张兴昌等，1993；卢宗凡，1997；叶振欧等，1993；王龙昌等，1998）。等高的横坡耕作具有水土保持作用，这已经被众多水土保持研究者所证实（沈昌蒲等，2005；韩富伟等，2008），垄沟横截面为三角形，垄沟像一个沟渠，将降水汇集到垄沟中。在降水过程中，降水主要经过蒸发、农作物或植物截持、入渗等损失，多余的降水会在坡耕地的垄沟内出现径流。径流经垄沟聚拢后，其垄沟内的径流深为平地径流深的数倍（孟令钦，2009），而且实践中很难做到绝对的等高，这就使垄沟成为坡面的一种重要侵蚀方式。根据孟令钦（2009）的研究，发现黑土区改垄越早，侵蚀沟发育速度越快；通过对 5 条流域进行研究，最早改水平垄的坡耕地上的侵蚀沟发育速度最快，无论长度和侵蚀量的发展均处在发育速率的第一台阶。

4.1　垄沟研究方法

根据垄沟与坡面的关系，垄沟侵蚀可划分为 3 种，即顺垄沟状面蚀、垄顶漫水状面蚀和断垄细沟状面蚀（李士文等，1989），而其中顺（坡）垄沟状面蚀和断垄细沟状面蚀又是侵蚀较为严重的两种，并且断垄细沟状面蚀是与沟蚀联系较为密切的一种垄沟侵蚀类型。考虑到本研究主要是为了探讨垄沟侵蚀与沟蚀的相互关系，故本研究主要选取断垄细沟状垄沟侵蚀作为研究对象。

具体研究区选在鹤山农场三队和鹤山农场本部之间的坡地上，该坡地为垄作大豆地，垄作方向大体为横向等高耕种，但在局部有侵蚀沟凹形部位垄沟方向与谷底线斜交。之所以选在该位置，主要是因为该部位从垄沟侵蚀，到浅沟侵蚀和沟道侵蚀都有发育，通过探讨他们之间的关系，可以更好地了解各种类型侵蚀沟发育与地形之间的关系。

整个坡面沿低凹处水线长度约 390 m，上部为浅沟，长度约 230 m，下部为典型沟道，长度约 90 m，沟道沟尾有小型形如冲积扇状砾石堆积。在整个坡面沿谷底线相对均匀地选取测量点共 8 个，手持 GPS 对其进行坐标定位，8 个测点分别命名为 247、249、322、324、326、327、329 和 330（图 4-1）。在测量 326 测量点位沟道开始发育（图 4-2）。所用手持 GPS 为 GARMIBN 公司生产的 12C/12XLC 型 GPS，其水平定位精

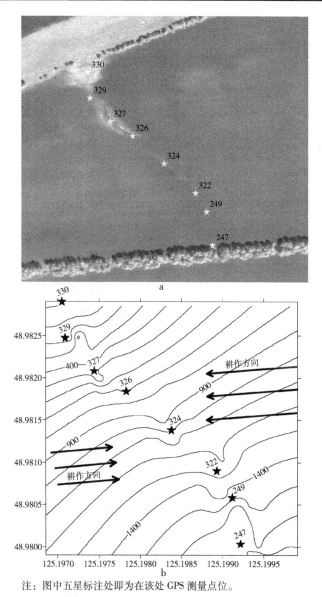

注：图中五星标注处即为在该处 GPS 测量点位。

图 4 - 1　坡面垄沟测量点位卫片和地形

度可以达到 5 m。在这 8 个测量点上沿垄沟方向进行垄沟形态的测量勘察，从 8 个 GPS 测量点位开始沿垄沟方向的测量距离全部为 50 m。在用测尺测量的距离为 50 m 垄沟上，每隔一定间隔用沟蚀测量仪（图 4 - 3）进行垄沟形态测量照相，测量照相间隔距离除 324 点位的垄沟相对较大外，其他点位测量间隔一般为 2 ~ 5 m。

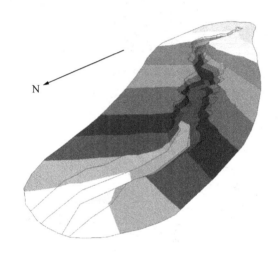

图 4 - 2   326 测量点位处发育的沟道 DEM

从该坡面浅沟和沟道都存在的事实可以判断，这一坡面侵蚀沟发育都相对较晚。根据对 1959 年航测比例尺为 1 : 25 000 的航片及 1992 年土地利用状况图（其中侵蚀沟是其重要组成部分）的分析也可以得出，该坡面的沟道是在 1992 年之前、1958 年之后形成的。在垄沟、浅沟和沟道的互动非同步联合侵蚀下，地形坡度和起伏状况已经与根据新中国成立初航片测绘的地形图有所差异，为此，本研究还用水准测量仪结合手持

GPS 进行了高程的测量，根据测量高程结果所绘等高线如图 4 - 1 所示。

研究区一般春天起垄，垄沟宽约 70 cm，垄沟深约 20 cm，适应这种小尺度垄沟形态特点，自制沟蚀测量仪（图 4 - 3），沟蚀测量仪宽 80 cm、高 60 cm，在其纵向设置 17 根随动测条，测条可以根据下伏垄沟形态自动变化。测量方法简单来讲，就是将沟蚀测量仪垂直放置于垄沟之上，然后数码相机拍照，之后数字化得到沟蚀形态。

图 4 - 3 沟蚀测量仪

将垄沟形态测量照片在 GIS 平台上进行配准后再进行数字化，所用 GIS 平台为 Arcgis 9.0。根据数字化结果测量读取每一测量断面的垄沟形态参数，对于每一断面的深度值，一般是根据其形态变化特点，测量 3 ~ 6 次，取其平均值；横断面的面积和周长则是根据数字化结果建立拓扑后自动计算得到。

根据各侵蚀断面的形状特点，断面面积按照三角形来计算。对于每一垄沟侵蚀体积的计算方法如下：

$$V = \frac{1}{2} \times W_1 \times D_1 \times L_1 + \frac{1}{2} \times W_2 \times D_2 \times L_2 + \cdots +$$

$$\frac{1}{2} \times W_i \times D_i \times L_i \, 。 \tag{4-1}$$

式中，V 为垄沟的体积，W_1，W_2，$\cdots$，W_i 为各断面测得的平均宽度值；D_1，D_2，$\cdots$，D_i 是各断面计算得到的平均侵蚀深度值；L_1，L_2，$\cdots$，L_i 是对应各断面测得的长度值。其中，各测量断面的平均宽度为断面面积除以断面平均深度所得。

4.2 垄沟侵蚀深度的确定

春天起垄的垄沟土壤疏松，在经历雨季雨水的淋溶压实之后，垄台坐土高度减少，垄沟或侵蚀或沉积，即便没有侵蚀或沉积，在经过雨季之后，由于垄台经过淋溶压实致使垄沟的深度也非原有的 20 cm，因此，根据原有垄沟深度和现在垄沟深度无法确切得知垄沟的蚀积状况。而且在整个坡面上，不同测量点位垄沟侵蚀具有不同的特点。以下以 247 测量点位和 326 测量点位为例加以说明。

247 测量点位位于测量坡面的谷底线的上部，紧邻防风林带（图 4-1）。从 247 测量点位所测量垄沟剖面形态参数沿垄向分布可见（图 4-4a），从 3~12 m 垄沟的各项形态参数均呈现高值，垄沟横剖面平均深度最高达 21.7 cm，沟蚀测量仪的单测条测得的最大深度值达到 31.6 cm，横截面积达到 1018 cm²，相应垄沟横截面周长也表现出高值，该测量点位整个垄沟平均深度为 11.3 cm。

对 326 测量点位的垄沟形态而言，则呈现与 247 测量点位

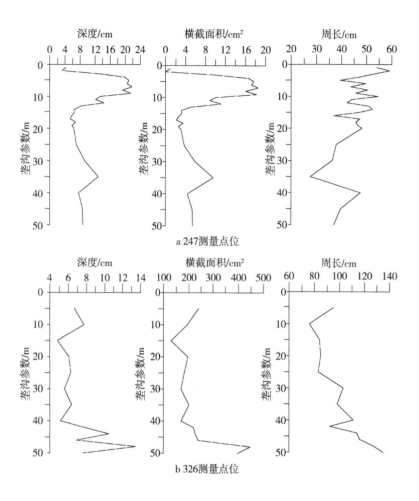

图 4 - 4 247 测量点位和 326 测量点位垄沟形态参数顺垄向变化

不同的特点，其垄沟形态参数沿垄向分布明显在垄沟尾部表现
出高值，但该高值要明显低于 247 测量点位垄沟形态的高值
（图 4 - 4b），326 测量点位垄沟横剖面平均深度最大值为

13.5 cm，位于垄向距沟头 48 m 处，沟蚀测量仪的单测条测得的极值为 19.5 cm，横截面积达到 447 cm²，该测量点位整个垄沟平均深度为 7.2 cm。

其他各测量点位的垄沟侵蚀参数顺垄向变化特征如图 4-5 所示。

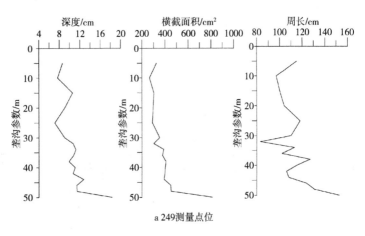

a 249测量点位

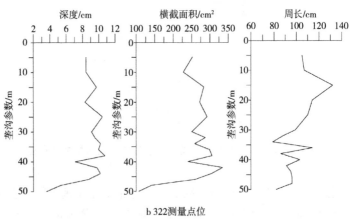

b 322测量点位

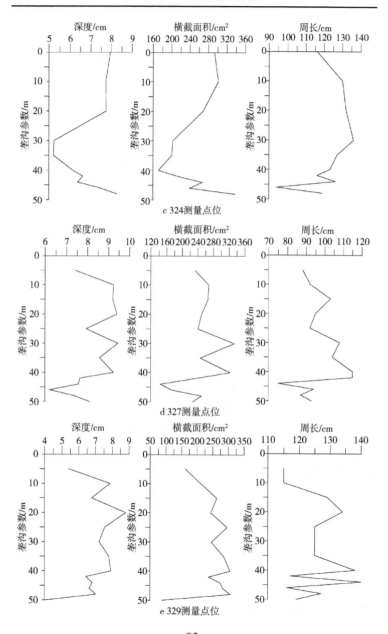

c 324测量点位

d 327测量点位

e 329测量点位

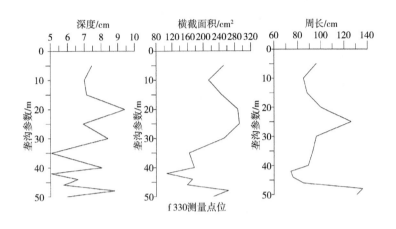

图 4 – 5　其他各测量点位垄沟侵蚀参数顺垄向变化

由此可见，对于整个剖面的不同测量点位来讲，垄沟剖面形态表现出不同的特点。这反映出沿垄沟方向在不同的有效坡度影响下，即便位于同一坡面上的垄沟，各自的发育规律也是不一样的。如此看来，对于垄沟侵蚀，没有相互统一的基底值。那么对于同一条垄沟而言，如何估算其侵蚀量？

如前所述，由于雨季的沉积压实，即便没有侵蚀和 / 或沉积，垄台到垄沟的高度也非春耕时的原有高度。对于机械起垄的研究区来讲，起垄的高度可以看作是一致的，而对于同一个坡面来讲，雨季降水强度可以看作相等，且对于同样土壤质地同一个坡面来讲，垄台的压实程度应该一致。此外，考虑到野外采样点垄沟宏观环境近乎等高耕作的事实，结合野外基本没有观测到测量垄沟区域有沉积现象发生，同时考虑到垄沟蚀积的差异性，在此我们以每条垄沟断面形态平均深度的最低值（最小值）作为其基底值，大于基底值的断面值则认为是侵蚀值。基于此，各垄沟侵蚀深度沿垄沟方向的分布特征与垄沟深度的分布特征应该一致，只是在基底值上有所区别。

4.3 垄沟侵蚀变化特征

从坡面上部到下部各测量点位垄沟沿垄向的深度分布如图 4-5 所示。可以看到垄沟深度从测量起点开始就呈现不规则变化。对于坡面上部的 247 测点、249 测点、322 测点来讲，247 测点垄沟整体坡度不大，而且紧邻防风林带，在从 247 测点到 50 m 处垄沟方向已近乎等高，随着沿垄沟向下游径流增多，侵蚀所携带泥沙相应增加，当携带泥沙与径流的侵蚀搬运力达到相对平衡时，垄沟的深度这时也表现为相对的稳定。对后两测量点位来讲，整个垄沟深度基本维持较为稳定的深度，只是在沟尾处发生明显变化，但两者的变化也不一致，249 测点沟尾处深度变大，而 322 测点沟尾处深度变小。结合野外观测发现，在 249 测点垄沟沟尾是与之相连的坑状浅沟，这使得近沟尾处的垄沟有效坡度相对较大，是径流能力加强侵蚀所致。

对于坡面中部的 324 测点、326 测点和 327 测点来讲，324 测量点位位于浅沟发育处，顺垄向垄沟深度表现了垄沟侵蚀强—侵蚀弱—侵蚀强的变化特点，这应该反映出垄沟内径流动能的变化特点。326 测点和 327 测点分布于沟道发育位置，侵蚀深度整体来讲相对稳定，但 326 测点位于沟道沟头，沟尾处坡度相对较大，致使其沟尾处垄沟较深。327 测点分布于沟道沟身位置，由于沟道沟岸的崩塌扩张，顺垄沟方向有效坡度较小，沟尾处侵蚀深度相对较小。329 测量点位和 330 测量点位基本位于沟道沟尾，其中 329 测量点位紧邻沟道沟尾，330

测量点位则位于沟道沟尾的小型冲积扇上，从其侵蚀深度来看，329 测量点位的垄沟沿垄向侵蚀相对稳定，不同于 330 测量点位沟尾处呈减小的特点。

从每条垄沟平均侵蚀深度来看（图 4 - 6），坡面上部垄沟侵蚀深度均较中部和下部的大，并且坡面垄沟最大值出现在坡面上部，如 247 测点出现全坡面的最大值 7.85 cm，249 测点和 322 测点也较大，分别为 3.54 cm 和 5.15 cm。与之相比，坡面中部和下部各测量点位的垄沟平均侵蚀深度则要小得多，如 324 测点只有 1.6 cm，为全坡面最小值，中下部的最大平均侵蚀深度也只有 2.9 cm。从测量点位地形图可以看到，坡面上部由于浅沟的发育，使得垄沟方向的有效坡度明显增大，而对于坡面中下部来讲，从地形图上看则要比坡面上部小。此外，这与坡面土壤水分的分布也可能有关系。根据杨新等（2006）对鹤山农场六队的典型小流域夏季阳坡土壤水分的研究表明：表层 10 cm 内土壤水分含量由多到少依次是下部、中部和上部；10 ~ 20 cm 深度土壤水分含量各个部分趋向一致。

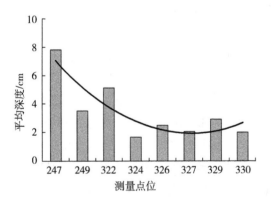

图 4 - 6　各测量点位垄沟平均侵蚀深度

30～100 cm 内的土壤含水量由多到少基本上是上部、下部、中部。该研究中测量坡面为阴坡，并且 247 测量点位近坡面林带，林带的遮蔽减少了表层水分的蒸发，深层土壤含水量的分布特点也有助于坡面上部降水时较早地形成径流。

从垄沟平均宽度来看（图 4 - 7），除去 247 测量点位外，其他各测量点位的垄沟平均宽度相差不大外，都在 5 cm 以内，但 247 测量点位的平均宽度达到了 45.5 cm。考虑到所测量坡面的土壤质地、地形地貌等条件基本一致，排除这些因素外，造成这种情况的原因可能是由于林带之上坡面径流汇集到林带之下该垄沟的原因。

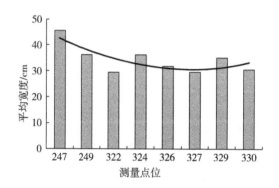

图 4 - 7　各测量点位垄沟平均侵蚀宽度

由上两个因素决定了各测量点位的垄沟侵蚀量同样表现出坡面上部高、中下部相对较低的趋势（图 4 - 8）。在垄作坡面上，由于垄沟内的坐土及垄台上被雨水冲刷进入垄沟的土壤，被顺沟而下的径流侵蚀带走，可以将其作为坡面的侵蚀量（即不考虑浅沟和沟道的侵蚀）。本研究中垄沟侵蚀参数在秋季大豆收割

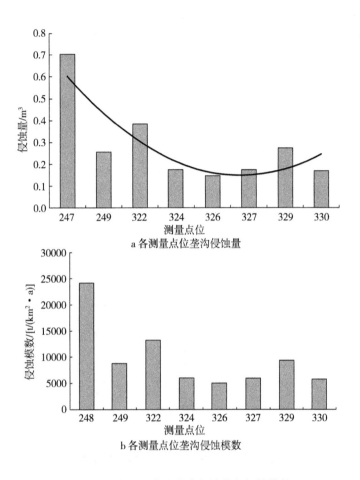

a 各测量点位垄沟侵蚀量

b 各测量点位垄沟侵蚀模数

图 4 - 8   各测量点位垄沟侵蚀量和侵蚀模数

前后测量，因此可以将其看作年侵蚀量。若黑土密度按 1.2 g/cm³ 计算，从测量坡面来看，除去受外来径流影响的 247 测量点位，侵蚀模数变化为 5077 ~ 13 234 t / (km² · a)，平均为 7766 t / (km² · a)，这要比通常所认为的 3000 ~ 5000 t / (km² · a)（沈波等，1993）大得多，亦比同一区域刘宝元等在裸地小区和坡长小区测得的侵蚀模数要大（刘宝元等，2008）。究其原因，一方面是本研究中的坡面坡度相对较大，整个坡面的平均坡度为 2.9°，局地沿垄沟方向的有效坡度则可能大于该数值；另一方面则是侵蚀沟的影响。由于该坡面处于侵蚀强烈发育期，浅沟和沟道的发育增大了地表上坡和下坡的连通性，特别是典型浅沟发育处的 249 测量点位和 322 测量点位，侵蚀模数明显要大于下游的测量点位，两者的侵蚀模数分别达到了 8786 t/（km² · a）和 13 234 t/（km² · a）。与之相比可以看到，沟道发育处的 326 测量点位和 327 测量点位的侵蚀模数仅分别为 5077 t/（km² · a）和 6039 t/（km² · a），相对较小。这一方面是由于沟道沟身的扩展使得沟身两侧坡面沿垄沟方向的有效坡度减小，另一方面与沟道发育阶段性也有一定的关系。

沟道发育具有一定的阶段性，Kosov 等（1978）通过试验研究发现，在沟道发育的初始阶段，时间虽然很短，往往只占沟道生命史的 5%，但沟道长度的 90%、面积的 60% 和体积的 35% 是在该阶段形成的。如果按地貌发育过程的不同又可分为以沟底水蚀并以快速的块体运移为主要特征的初始阶段和以输沙与沉积为主的稳定阶段（Sidorchuk，1999）。可见，沟道形成发育早期是其发展最迅速、破坏最严重的阶段。如前所述，本坡面的沟道是在 20 世纪 50 年代末和 90 年代前形成，而且与之在同一大坡面的另一沟道发育尺度与之相当，通过野外观察和测量，已经基本稳定，处于发育后期。通过对比，可以判断测量坡面的沟道也处于发育的中后期，沟身两侧发育的灌丛起到一定的保护作用，减轻了沟道沟身两侧侵蚀的发生。

对于浅沟而言，浅沟一般认为是细沟（或垄沟）和沟道之间的过渡形态，通常是由细沟侵蚀的不断发生发展演化而来。根据我们野外的观测，在平行于垄作方向上一般没有浅沟的发生，一般都发生在垄沟与坡面谷底线垂直或斜交（但没有平行垄作方向）的情况下。垄沟内的水流若冲不破垄埂，由于它的汇水面积有限，产生的剪切力非常有限，达不到浅沟发生的临界剪切力的值。在垄作方向与凹型坡面谷底线垂直或斜交（但没有平行垄作方向）的情况下，由于凹谷低洼处两侧垄沟来水汇集，很快使垄沟决口，加之集流水路上的有效坡度也相对较大，这使得凹型坡集流水路上的水流剪切力大大增加，相应浅沟出现的概率升高。同时，在集流水路上，由于拖拉机犁耕时犁齿对表层土壤的疏松深度要较非凹型坡大，这使得凹谷低洼处土壤松散，抗蚀性减弱。在发生暴雨或有连续降水的情况下，凹型坡的集水流路上可以吸收两侧垄沟较大范围内的水流使径流汇集，形成冲刷力很强的股流而使土壤被大量冲走，继而形成浅沟。在耕地内形成的垂直于横坡垄的浅沟，虽经中耕可为耕犁平复，下次暴雨来时由于犁耕平复土质疏松，表层土壤流失更多，经多次反复冲刷—平复过程，浅沟及凹形谷底形态越来越明显，由于沿垄沟方向的有效坡度渐大，反过来这又有助于垄沟侵蚀的发生。两者相互促进，演进速度快，是与沟蚀联系最为密切的一种侵蚀方式。

4.4 结语

通过对垄沟与浅沟、切沟斜交坡面的测量，以及面上的调查发现，顺坡垄作耕作坡面因为地表径流被分散，一般不会有浅沟和切沟的发育；而对于凹形坡面部位的垄作耕作坡面来讲，由于凹形部位两侧垄沟径流的汇集则会使得径流加强，最终使得凹形部位浅沟或切沟发育和加强。

对于观测坡面来讲，各条垄沟侵蚀参数顺垄向变化规律特征不明显，但对于每条垄沟平均的侵蚀参数，如平均侵蚀深度、平均宽度、平均侵蚀体积和侵蚀模数等，从坡上到坡下垄沟总体呈现侵蚀先减弱后变强的趋势，这应该与径流的汇集有关。尽管有防风林带的阻挡，但当有较强降水时，防风林带之上的径流会冲破阻挡，流入所观测测量坡面，这使得监测点位呈现较高的侵蚀参数。防风林带之上流入径流为观测坡面坡上垄沟分流之后，在观测坡面中部失去外来径流后呈现低值。在观测坡面坡下观测点位，可以从垄耕方向与等高线角度变大判断得到，垄沟的有效坡度变大，这又使得垄沟的各项侵蚀参数变大。

垄沟是该区重要的侵蚀方式，通过对野外垄沟侵蚀的测量，在垄沟垄向与谷底线垂直或斜交的情况下，测量坡面得到垄沟的侵蚀模数变化为 5077 ~ 13 234 t／（km² · a），平均为7766 t／（km² · a），远大于研究区其他学者得到的数值。这一方面是由于测量坡面的坡度相对较大，沿垄向的有效坡度则可能更大，另一方面则可能是由于坡面谷底存在浅沟和切沟对其产生影响。

参考文献

[1] 韩富伟,张柏,宋开山,等. 黑龙江省低山丘陵区水保措施减蚀效应研究[J]. 农业系统科学与综合研究,2008,39(2):407 - 410.

[2] 李士文,吴景才. 黑土侵蚀区土壤侵蚀演变规律及对策[J]. 中国水土保持,1989(4):7 - 10.

[3] 卢宗凡. 中国黄土高原生态农业[M]. 西安:陕西科学技术出版社,1997.

[4] 孟令钦. 东北黑土区沟蚀机理及防治模式的研究[D]. 北京:中国农业科学院,2009.

[5] 沈昌蒲,龚振平,温锦涛. 横坡垄与顺坡垄的水土流失对比研究[J]. 水土保持通报,2005,25(4):48 - 49.

[6] 王龙昌,贾志宽. 北方旱区农业节水技术[M]. 西安:世界图书出版公司,1998.

[7] 叶振欧. 带状平播起垄耕作法[J]. 中国水土保持,1993(9):8 - 9.

[8] 于舜章,陈雨海,余松烈,等. 沟播和垄作条件下冬小麦田的土壤水分动态变化研究[J]. 水土保持学报,2005,19(2):133 - 137.

[9] 张兴昌,卢宗凡. 坡地水平沟耕作的土壤水分动态及增产机理研究[J]. 水土保持学报,1993(3):58 - 66.

[10] 沈波,杨海军. 松辽流域水土流失及其防治对策[J]. 水土保持通报,1993,13(2):28 - 32.

[11] 刘宝元,阎百兴,沈波,等. 东北黑土区农地水土流失现状与综合治理对策[J]. 中国水土保持,2008,6(1):1-8.

[12] 杨新,刘宝元,刘洪鹄. 东北黑土区丘陵漫岗夏季坡面土壤水分差异分析[J]. 水土保持通报,2006,26(2):37-44.

[13] Kosov B F,Nikolskaja I I,Zorina E F. Experimental research into gully formation,Experimental Geomorphology[M]. Moscow:Moscow Univ Press,1978.

[14] Sidorchuk A. Dynamic and static models of gully erosion[J]. Catena,1999,37(3-4):401-414.

第5章 短期沟道监测研究

5.1 引言

任何事物的发育都有其自身的规律，沟道的发育也一样。已有研究表明，沟道的发育具有明显的阶段性，按时间尺度的不同，可分为短期（1～5年）、中期（5～50年）和长期（>50年）（Vandekerckhove等，2003）；按地貌发育过程的不同又可分为：以沟底水蚀并以快速的块体运移为主要特征的初始阶段和以输沙与沉积为主的稳定阶段（Sidorchuk，1999）。沟道在不同的发展阶段往往具有不同的发育特征及影响因素。Kosov（1978）等通过试验研究发现：在沟道发育的初始阶段，时间虽然很短，往往只占沟道生命史的5%，但沟道长度的90%、面积的60%和体积的35%是在该阶段形成的，Sidor-chuk（1999）则根据沟道发育的阶段性发展了沟道侵蚀的动力模型和静态模型。

可见，沟道形成发育早期是其发展最迅速、破坏最严重的阶段。已有对东北黑土区侵蚀沟的研究表明，沟头的溯源侵蚀速度每年为1 m左右，个别可达4～5 m（黑龙江省土壤、水利、林学、地理学会联合考察组，1966；黑龙江省水利厅勘测设计院土壤组，1964）。目前，东北黑土地区的沟道正处于强烈发育的第一阶段，此时对沟道的形态如长度、深度、宽度、面积和体积等进行监测，并研究它们与降水、地形、植被覆盖等主要因子的关系，对于理解沟道发生发展规律十分重要，同时，这也是建立沟道模型的理论基础。

5.2   监测沟道分布

监测沟道都分布于鹤山农场行政范围内，分布位置如书末彩插图 5 - 1 所示。根据各监测沟道所在行政归属将其分别命名为 Sidui gully1、Sidui gully2、Sidui gully3、Sandui gully1 和 Sandui gully2，其中 Sidui gully1、Sidui gully2、Sidui gully3 是从 2002 年 4 月开始监测的，Sandui gully1、Sandui gully2 是从 2003 年 10 开始监测的。对监测沟道在每年雨季前后进行野外测量，除去 2003 年春由于 SARS（Severe Acute Respiratory Syndrome）没有成行外，共获得 5 次野外观测数据。

5.3   侵蚀速率及讨论

根据 Oostwoud Wijdenes 等（1999）对沟头的分类，该研究区的沟道沟头可分为跌坎式沟头和渐变式沟头（图 5 - 2）。对于跌坎式沟头，由于它的变化明显，很容易判断沟头的位置；而对于渐变式沟头，由于它从坡面到沟身的变化是渐变的，不同的测量者对沟头的判断可能有所不同，可能存在人为判断方面的影响。在这里，我们对第二种类型沟头的判断标准规定为：当沟深达到 50 cm 时，我们就认为是沟头的位置。

a 跌坎式沟头(Sidui gully1)

b 渐变式沟头(Sidui gully3)

图 5 - 2　沟道沟头类型

（1）Sidui gully1

由于 Sidui gully1 前期测量过程中经验不足，对其沟底测量密度过稀，在此我们对其面积和体积变化不予考虑。根据 1959 年的航片遥感资料判读可知，Sidui gully1 早在 1959 年就已经形成，那时发育沟头位置估计离现在沟头位置约有

200 m，已经有相当规模。鹤山在1992年进行过一次详细的土地利用调查，侵蚀沟是其中很重要的一项内容。在他们的调查成果图中也明显标注了这条沟的存在。据此，我们可以认为Sidui gully1是发育时间较早的沟道，可以认为它已经发育到了"中老年期"。

Sidui gully1的沟头与其他几个监测沟相比有一个明显的特征，那就是它有3个沟头。野外观测表明，这主要决定于上游来水。在发育的早期，属于谷底沟的Sidui gully1还没有发展到现在的位置，沟头上方由地貌形态决定的多股径流来水都最终汇集到一起（图5-3），决定了沟头的形态是单沟头。随着沟头的前进，上游来水逐渐"各自为战"，这就使得沟头的形态也随之由单沟头向多沟头演变，我们分别将其命名为gully1A、gully1B和gully1C沟头（图5-4）。随着沟道的发展，沟头上方的汇水面积要减少，同时，单沟头向多沟头的演

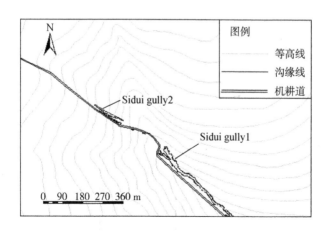

图5-3　Sidui gully1、Sidui gully2地理位置示意

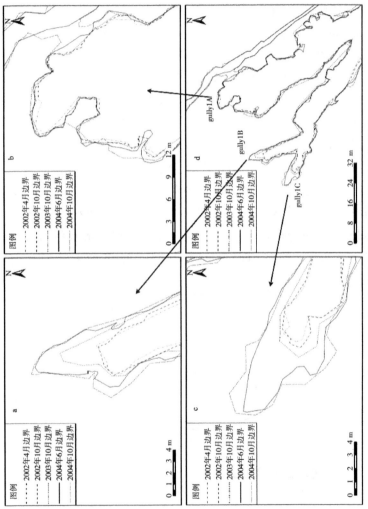

图 5 - 4 Sidui gully1 沟头在各监测时段的变化情况

变也意味着沟头上方来水量的减少，沟头的发展速度势必就会变慢。尽管沟头处的坡度也可能产生影响，但应该影响不大，因为坡度在此变化非常平缓。

我们对3个沟头分别进行测量，排除由测量带来的误差，若测量变化在20 cm内，我们则认为没有变化，结果如表5-1所示。这里需要说明的是，gully1A和gully2B的上坡汇水面积多次发生变化。在2002年4月至2002年10月，gully1B的上游来水大部分都汇入gully1A，可以看到，gully1A在这一监测时段变化是最大的。但到了第二监测时段即2002年10月至2003年10月，gully1B的上游来水又汇入它本身，由于这个沟头发育相对较晚，所以可以看到，它的发展是最迅猛的，达到了3.5 m。到了第三监测时段即2003年10月至2004年6月，gully1A和部分gully1B的上游来水汇合到一起形成了gully1A侧上方的新沟道（图5-4b、图5-4d）。到第四监测时段，来水如第三监测时段，只是gully1B的更多上游来水汇入了新形成沟道，而且新形成的沟道被人为地将其改道入gully1A（图5-4）。由于上游汇水的不稳定性，所以对其不好进行进一步量化讨论。总体来讲，gully1A的沟头变化不大，gully1B在有来水的情况下也会有较明显的后退，gully1C相对汇水来源较为稳定，也是在所有监测时段都存在变化的沟头。

表5-1 Sidui gully1 各沟头在监测时段内的变化

时段	gully1A/m	gully1B/m	gully1C/m
2002年4月至2002年10月	1.1	0	0.5

时段	gully1A/m	gully1B/m	gully1C/m
2002 年 10 月至 2003 年 10 月	0	3.5	0.9
2003 年 10 月至 2004 年 6 月	0.9	2.5	5.7
2004 年 6 月至 2004 年 10 月	1.2	0.7	1.2

对于发育时间尺度较长的谷底沟来讲，一方面，根据上游来水量的多少及流路，侵蚀扩张可能发生于谷底沟沟头的某些部位，这就使谷底沟沟头向多沟头发展；另一方面，随着沟道发育年限的增加，沟头慢慢趋于稳定，这时如果受到微地貌和/或沟头周边植被的作用，来自于沟头上游汇水流域的径流量极易选择新的流路，在这种情况下，如果没有安全排水道就会形成新的沟道，特别是在冰融水是径流的主要来源时，这种现象更易发生。因为随着气温的上升，由冰融水形成的径流更容易受到微地貌等的影响，这种情况在 Sidui gully3 中也有发生。作为谷底沟的 Sidui gully1 的另一个特点是出现了"沟中沟"（图 5 - 5）。

（2）Sidui gully2

根据我们在 2002 年 4 月对 Sidui gully2 的野外测量，最深处只有 0.98 m，平均深度只有 0.36 m；宽度上，最窄处只有 0.8 m，最宽有 4.5 m 左右，发育的空间尺度非常有限，处于发育的初期。在 1992 年鹤山土地利用调查（沟道侵蚀是其重要的组成部分）所绘制的图件中没有标注该沟，因此，我们可以确定该沟应该是在 1992 年以后形成的，处于发育的初期，

图 5 - 5　沟道 Sidui gully1 中发育的 "沟中沟"

该沟的形态及发育特征可以代表幼年期的沟道（图 5 - 6）。

　　在具体讨论沟蚀变化时，由于监测时段的不同，特别是 2003 年春由于 SARS 导致数据缺失一次，这给数据的分析带来了不便。下面对侵蚀速率的考虑主要基于 2003 年和 2004 年整周期数据，因为对于东北黑土区沟道来讲，存在着雨季径流侵蚀和冬季的冻融侵蚀，但两者在表现形式上有所不同（在后面发育模式中论述），这样如果按所有两年半的数据进行分析势必带来各侵蚀参数的不均一。为此，我们对数据进行时段重新分配，将 2002 年 4 月至 2002 年 10 月雨季数据（2002 年雨季）与 2004 年雨季即 2004 年 6—10 月数据对比；年数据的对比则用 2002 年 10 月至 2003 年 10 月（2003 年数据）及 2003 年 10 月至 2004 年 10 月（2004 年数据）的数据。重新分配后计算结果如表 5 - 2 所示。

a

b

c

d

注：图 a 为 2002 年 10 月测量时拍摄，图 b 为 2003 年 10 月拍摄，图 c 为
2004 年 6 月拍摄，图 d 为 2004 年 10 月拍摄。

图 5 - 6　Sidui gully2 在各次监测测量时沟头变化情况

表 5 – 2　Sidui gully2 年及季节变化数据

监测时间		降水		沟内变化		净侵蚀体积	面积变化	沟头后退
		降水总量	侵蚀性降水 > 12	堆积体积	侵蚀体积			
(1)	(2)	mm	mm	m³	m³	m³	m²	m
2002 年 4 月	2002 年 10 月	294	129. 2	0	86	86	34	0. 82
2004 年 6 月	2004 年 10 月	338. 3	207. 8	23	190	167	49	5. 6
2002 年 10 月	2003 年 10 月	493. 7	275. 4	0	610	610	344	7. 7
2003 年 10 月	2004 年 10 月	475. 9	220	62	281	219	177	12
2003 年 10 月	2004 年 6 月	137. 6	12. 2	81	139	57	129	6. 4

　　对于沟内蚀积变化数据，这里需要说明的是，年变化数据并非季节变化数据的简单相加，因为这些沟内堆积或侵蚀体积数据并没有考虑具体的空间位置因素，雨季侵蚀的部位可能在冬季由于沟内冻融或外来搬运而堆积，这样实际的年侵蚀变化可能很小，但如果将雨季和非雨季蚀积数据简单相加，那么就夸大了实际的蚀积变化。这也是 GIS 在侵蚀方面应用的一个优点所在。

　　就年变化来讲，尽管在这两年中的降水总量变化不大，2003 年降水总量为 493. 7 mm，到 2004 年降水总量为 475. 9 mm，但两年中的侵蚀状况却差别明显，如 2003 年净侵蚀体积和面积变化分别为 610 m³ 和 344 m²，而到 2004 年净侵蚀体积和面积变化则分别为 219 m³ 和 177 m²，分别不到 2003 年变化的 36% 和 52%。唯一不同的是沟头后退距离，2004 年沟头前进了 12 m，而 2003 年则只有 5.5 m。就两年的平均状况而言，Sidui gully2 的年侵蚀体积达 415 m³，沟头平均年后退 9.85 m，面积变化年平均为 260 m²。

对于雨季变化来讲，2002 年雨季和 2004 年雨季变化也明显不同。如 2002 年雨季净侵蚀体积为 86 m³，而到 2004 年雨季则达到 167 m³，比 2002 年雨季增加了 94%。与之相比，沟头的变化则远远超过体积和面积的变化，2004 年雨季沟头后退了 5.6 m，是 2002 年雨季沟头后退距离的 5.8 倍。

正如许多学者所指出的（Horton，1945；Yalin 和 Karahan，1979；Montgomery 和 Dietrich，1994；Poesen 等，2003），只有径流产生的剪切力超过临界剪切力，沟道才有产生的可能。换句话来讲就是，在一次降雨中只有线状水流强度超过了一定临界值，沟道才有可能产生。很显然，沟道侵蚀是一种临界现象，只有在根据水流水力学、降水、地貌、土壤及土地利用等确定的临界值超过一定值时这种地貌过程才可能发生（Poesen 等，2003）。

由于沟道发育发展的空间尺度较大，对于沟道侵蚀发生发展的水力条件的研究受到限制，因此，许多学者就根据控制径流水力或土壤抗剪切的诸如降水、地形、土壤或土地利用等因素来评价沟道发生的临界环境条件。对于像我们这样对同一条沟道的短时间监测来讲，在它发展的各个监测时段内的地形、土地利用、土壤等变化并不大或基本没有变化，因此，作为沟道发生发展必要条件的降水及与之相关的土壤含水量特别是前期土壤含水量的情况就可能成为导致沟道侵蚀特征出现差异的主要原因。而且在高纬度或高海拔地区，冻融侵蚀作用也不容忽视。下面分别对其进行论述。

对于沟蚀发生需要的临界降水条件已有较多的研究（Evans 和 Nortcliff，1978；Reed，1979；Evans，1981；Nachtergaele，2001；Prosser 和 Soufi，1998；Turkelboom，1999；Vandekerckhove 等，2000）。而对于沟蚀的发展，也就是说在什么样的降水条件下沟道才会发展，则到目前还似乎没有对这样的问题进行专门研究，因为这首先要涉及沟道发育的机制问题。对于在雨季以降雨为主导致的沟道发展，首先要有超渗产流或饱和产流的发生，本研究则参照鹤山农场径流小区产生侵蚀的日降水量，结合其他学者（Evans 和 Nortcliff，1978）对沟蚀的研究，我们初步假定：在雨季当日降水达到 12 mm 时沟道就会发展，这样计算得到各对应时段的侵蚀性降水总量，如表 5 - 2 所示。

2002 年和 2004 年两个雨季侵蚀性降水量的比值为 0.62，从图 5 - 7 可以看到沟道的体积和面积在两个雨季的变化比值分别为 0.52 和 0.69，相对比较接近侵蚀性降水的比值，但两个雨季的沟头后退距离比值则明显与降水比值偏差较大，沟头后退距离比值只有 0.15。这说明面积和体积的变化在沟道发育初期比较明显地受到侵蚀性降水的影响。除降水强度同样对侵蚀产生影响外，沟道本身的形态特征可能也会对沟道沟头的线形后退产生影响。如图 5 - 6 所示，对比 Sidui gully2 沟头的形态照片可以看到，2002 年 10 月的沟头照片表明，这时的沟头还没有完全切破次表层进入土壤母质，而这里的土壤母质为第四纪沉积沙层，一旦沟道发展切入沙层，由于沙层结构松散，沟头上方来水的淘刷、崩塌作用会使沟头迅速发展。

东北地区冬季冻融作用的影响非常显著，对于年变化来讲，如果仅考虑侵蚀性降水显然已经不符合实际情况，还要考虑冻融侵蚀。冻融侵蚀的影响主要来自于土壤冻融和融雪径流。冻融可以使土壤可蚀性变差，但如果没有春季的融雪径流，土壤不会发生径流侵蚀。融雪径流的产生是以冬季降水为前提的。鹤山气象站的降水资料表明，2003 年 10 月至 2004 年 6 月这一监测时段的降水量达 114.7 mm，其中春季（3—5 月）降水量就达到 96.4 mm，比多年（1972—2004 年）平均值分别多出 24.6 mm 和 25.7 mm。根据野外考察，2004 年春季的冻融侵蚀相当严重，甚至仅春季的融雪侵蚀就可以形成沟道。尽管如此，由于融雪径流产生的能量有限，并且有限的能量主要作用于沟头附近，冻融作用在坡脚产生的堆积并不能将融雪径流运到沟外（后面沟道发育模式详述）。从图 5-7 可以看到，雨季的径流侵蚀与冬春季的冻融作用对沟道的侵蚀作用并不一致，冻融及融雪侵蚀作用主要表现在对沟头线形后退及沟道面积的影响，而对沟道净侵蚀体积的变化影响相对较小。从对 Sidui gully2 计算结果的比值来看（图 5-7），冻融侵蚀对沟头线性后退及面积的影响甚至超过接下来的雨季，如 2004 年冬季沟道面积及沟头后退距离分别为 2004 年雨季的 2.63 倍和 1.14 倍。与冬春季冻融侵蚀相比，雨季则主要是对沟道体积的影响（图 5-7）。

与 2004 年相比，2003 年冬春季降水相对较少，降水量仅有 34.9 mm，远远少于多年（1972—2004 年）平均值 90.1 mm。同时，由于在其前一监测时段（即 2002 年 4—10 月）降水较少，雨季降水产生的侵蚀有限，坡脚处的堆积增加了沟坡及沟岸的稳定性，因而限制了冻融侵蚀的发生发展。基于此，本研究认为 2003 年冬春季的冻融作用影响很有限，也就是说，2003 年侵蚀的影响主要应该来自于雨季降水。结合前面讲到

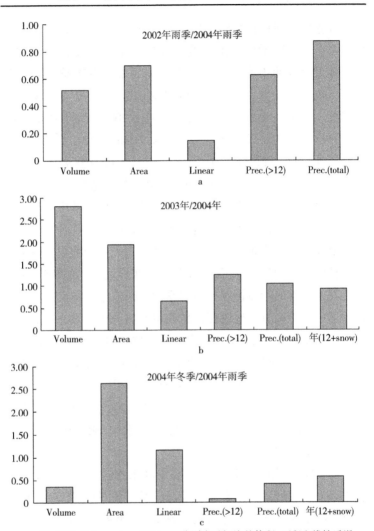

注：图中，Volume、Area 和 Linear 分别表示切沟的体积、面积和线性后退变化；Prec.（>12）表示对应时段大于 12 mm 的降水累积值；Prec.（total）表示对应时段全部降水之和；年（12＋snow）表示雨季（夏秋）大于 12 mm 降水累积值和非雨季全部降水之和。

图 5－7　Sidui gully2 的各侵蚀参数及降水在各年与季的比值

的雨季和冻融对侵蚀影响的差异，这也就说明了为什么 2003 年沟道的体积变化远远高于 2004 年的体积变化。

如果结合降水日变化对 2003 年和 2004 年沟道参数的年变化进行仔细分析，沟道的发展除受到上述因素的影响外，另一个可能的影响因子就是土壤的前期含水量。土壤前期含水量会对土壤的可蚀性产生很大影响。从图 5 - 8 可以看到，2004 年的日降水分布是逐步增加的，这将有利于增加土壤水稳性团聚体的土壤湿度，而当水稳性团聚体土壤湿度较高时，由降水导致的快速变湿就不能使团聚体破碎，结皮也不会形成（Singer 和 Shainberg，2004），因此这种前期湿润减少了结皮形成及径流和侵蚀的产生。另外，当干土壤迅速溶于水时，湿化很容易发生，而对于初始干燥的团聚体来讲，降雨导致团聚体破坏的主要原因就是湿化（Le Bissonnais 等，1989；Le Bissonnais，1990；Singer 和 Shainberg，2004），因此，经过长期干燥土壤的抗蚀性减弱，也会加剧沟道的发展。

（3）Sidui gully3

Sidui gully3 形成的时间要比 Sidui gully1 晚，但比 Sidui gully2 早。据 1959 年的航片遥感资料判读可知，Sidui gully3 在那时还没有形成。到 1992 年，鹤山土地利用调查图中已经标注了该沟的存在，并且是分为上下两端，这与本研究在第一、第二次测量时观察的结果是一致的。但在第三次测量时（即 2003 年 10 月）Sidui gully3 的上下沟已经连接起来成了一条沟道。由于上沟（次沟）距分水岭仅 60 ~ 70 m，而且坡面坡度近乎水平，所以，次沟的沟头后退并不能真正代表整个 Sidui gully3 的情况。上下沟的连通使主沟无法得到真正的沟头后退距离，这里本研究只对沟道的体积和面积进行测量。本研究对监测时段重新分配后计算结果如表 5 - 3 所示。

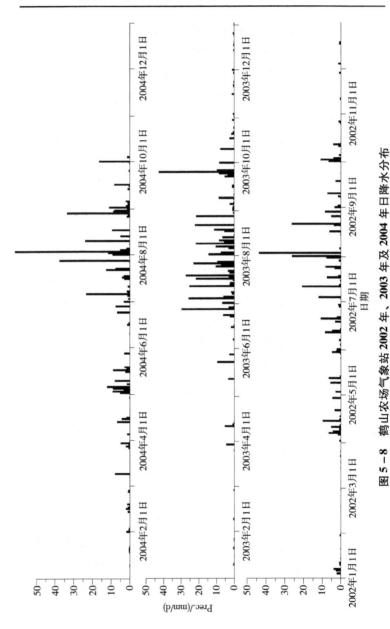

图 5 - 8　鹤山农场气象站 2002 年、2003 年及 2004 年日降水分布

表 5 - 3 Sidui gully3 年及季节变化数据

监测时间		降水 / mm	沟内变化 / m³		净侵蚀	面积
			堆积体积	侵蚀体积	体积变化 / m³	变化 / m²
2002 年 4 月	2002 年 10 月	292. 2	221	411	190	96
2004 年 6 月	2004 年 10 月	338. 4 (16. 4*)	296	443	147	112
2002 年 10 月	2003 年 10 月	503. 4 (25. 2*)	155	1830	1676	375
2003 年 10 月	2004 年 10 月	469. 3 (80. 7*)	536	807	272	400
2003 年 10 月	2004 年 6 月	130. 9 (64. 3*)	480	661	181	288

注：＊表示为降雪部分。

可以看到，Sidui gully3 的体积变化在 2003 年最为突出，而且它的体积变化也是在所有监测沟道中变化最大的，其净体积变化是 2004 年的 6 倍多（图 5 - 9）。与体积变化不同，沟道面积在 2004 年扩大了 400 m²，比 2003 年的变化要大。从面积和体积的变化对比可以看出，2004 年沟道的变化主要应该是沟道内部的调整过程，沟道内部的堆积（表 5 - 3）也说明了这一点，2004 年的堆积体积达到了 536 m³，为所有监测时段的堆积最大值。两年间的侵蚀平均变化情况，体积为 974 m³/a，面积为 388 m²/a。

对于沟道发展的影响因素本研究在 Sidui gully2 中进行了

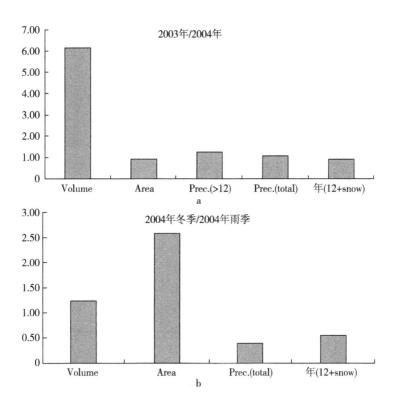

注：图中各参数含义同图 5 - 7。

图 5 - 9 Sidui gully3 各侵蚀参数及降水数据
在 2003 年和 2004 年的比值

分析，这里着重强调 Sidui gully3 与 Sidui gully2 的不同之处。对于年变化来讲，2003 年的体积变化要远远大于 2004 年的变化，其净侵蚀体积达到了 1676 m³，是 2004 年的 6.2 倍，为所有监测沟道中体积变化的最大者。处于发育"中期"的沟道发展应该相对比较稳定，不会大起大落，但这里出现如此大的变化，说明它的影响因素相对更为复杂。

这里需要说明的是降水，2003 年从鹤山径流小区测得从 3 月 30 日到 10 月 18 日共降水 637 mm，而与之相距仅 6.5 km 的鹤山农场气象站测得相应时段降水仅为 496.7 mm，相差 140 mm，足见该地区降水空间变率之大。但即便按降水较多的径流小区降水资料来算，降水也不能说明如此大的侵蚀变化，这当中固然有前期含水量及降水强度的影响。除此之外，一个重要因素可能就是它的降水量或降水强度超过了沟道维持其相对稳定性的限度而发生突变。Sidui gully3 已经发育到了"中老年期"，仅其长度就达到 530 m 左右，是 Sidui gully2 的 4 倍多。与处于发育初期的沟道相比，Sidui gully3 的形态发育与外界环境因素间处于相对稳定的状态，沟底、沟坡生长着灌丛植被（图 5 - 10），这就增加了沟道抵御外界环境因素干扰的能力，具有动力与形态之间相互协调、和谐一致的特点，只要来自环境的输入不发生超出一定限度的突变，则沟道系统对来

图 5 - 10　Sidui gully3 沟底状况

水来沙的变化有能力通过调整自身的结构和功能以保持其形态的适应性，使动力与形态趋于一定条件下的和谐有序。但当来自外界环境的输入超过一定限度发生突变时，沟道系统就会发生强烈的侵蚀和形态变化以适应这种突变。当降水量或降水强度在一定幅度范围时，径流能量产生的侵蚀有限，不至于破坏沟道的这种相对稳定性，但降水量或降水强度进一步增大，所产生的径流能量超过了沟道维持其相对稳定性的阈值时，沟道就会发生强烈的侵蚀。从图5-11可以看到，2003年在沟的下游尽管仍然有沉积的存在，但分布较为零星，而且沉积的厚度也非常有限，最厚仅为0.8 m；2004年则呈现出与之不同的特征，沟下游的沉积相连成片，沉积的最大厚度也远远高于2003年的变化（图5-11）。

　　对 Sidui gully2 已经分析过，一般来讲冻融侵蚀要比雨季

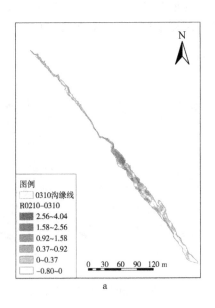

a

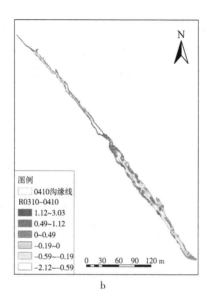

b

注：图中 R0210－0310 表示 2002 年 10 月与 2003 年 10 月 DEM 叠加结果；R0310－0410 表示同样的含义。0310 沟缘线表示 2003 年 10 月测得的沟缘线；0410 沟缘线表示 2004 年 10 月测得的沟缘线。数值代表各栅格的高程变化，负值代表堆积，正值代表侵蚀。

图 5－11　Sidui gully3 在 2003 年和 2004 年的 DEM 叠加

径流侵蚀对沟道净侵蚀体积变化影响小（图 5－7），但从图 5－7 可以看到 2004 年冬季冻融侵蚀的体积要比雨季大，这是由于 Sidui gully3 在春季沟底植被灌丛还没有生长起来，对径流泥沙少了过滤作用；与之相比，2004 年雨季来临时沟底植被灌丛已经生长起来，对沟底起到了较好的保护作用，增加了地表糙度，减少径流能量，使泥沙被过滤产生沉积。

（4）Sandui gully1 和 Sandui gully2

Sandui gully1 和 Sandui gully2 监测较晚，从 2003 年 9 月开始监测，只有一个相对完整的周期，并且 Sandui gully1 是监测沟道中唯一一条位于农田中的沟道。从对航片的解译及 1992 年土地利用状况的分析可以得出：Sandui gully1 和 Sandui gully2 同 Sidui gully3 一样应该也是处于发育中期的沟道。由于 Sandui gully1 位于坡面耕地中，因此它对耕作的影响较大，一旦出现沟道，尽管发展可能非常迅速，但由于对正常耕作的阻碍，人们会采取各种方法对其进行填充治理，以降低它对正常耕作的影响。从图 5 - 12 可以看到，在 2004 年秋季测量时沟道的沟头部分已经被填埋，在沟头上方不远处的条带是人们为缓冲上游的径流而放的麻袋。

Sandui gully1 和 Sandui gully2 在监测期内的蚀积数值变化如表 5 - 4 所示，蚀积空间变化如图 5 - 13 所示。根据野外考

a 2004年6月拍摄

b 2004年10月拍摄

图 5 - 12　Sandui gully1 沟头分别在 2004 年 6 月和
2004 年 10 月的侵蚀状况

察，Sandui gully1 和 Sandui gully2 两者在第二监测时段都明显
受到人为填充，在此主要提供两者的监测结果以作为基础性
资料。

表 5 - 4　Sandui gully1 和 Sandui gully2 蚀积变化

监测沟道	监测时间		降水	沟内变化		净侵蚀体积	面积变化	沟头后退
				堆积体积	侵蚀体积			
	(1)	(2)	mm	m^3	m^3	m^3	m^2	m
Sandui gully1	2003 年 10 月	2004 年 6 月	139.4 (64.3*)	- 34	121	88	70	13.4

续表

监测沟道	监测时间		降水	沟内变化		净侵蚀体积	面积变化	沟头后退
	(1)	(2)		堆积体积	侵蚀体积			
	(1)	(2)	mm	m³	m³	m³	m²	m
Sandui gully1	2004 年 6 月	2004 年 10 月	336.5 (16.4*)	-49	51	3	10	Minus
Sandui gully2	2003 年 10 月	2004 年 6 月	130.9 (64.3*)	-403	546	142	113	30
Sandui gully2	2004 年 6 月	2004 年 10 月	336.5 (16.4*)	-338	348	10	0	0

注: *表示为降雪部分。

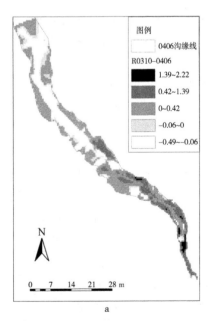

a

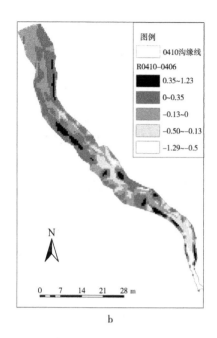

b

注：图中概念代表的含义同图 5 - 11。

图 5 - 13　Sandui gully1 在 2004 年冬季和雨季的 DEM 叠加结果

5.4　短期沟道发育模式初探

　　如果将 2003 年 10 月至 2004 年 10 月作为一个完整周期（一年），当对比 Sidui gully2 第三监测时段（即 2003 年 10 月至 2004 年 6 月）和第四监测时段（2004 年 6—10 月）沟内蚀积变化时，可以发现一个明显的特征：在冬春季，沟内的堆积体积占有相当的比例，而在雨季，沟内的侵蚀则要占到绝对主导地位。如在春季测量时（2003年10月至2004年6月）沟内堆积体积达到81 m^3，占到该时期沟内侵蚀体积的近59%，是接下来雨季沟内堆积体积的3.5倍；雨季结束时的测量表明，沟内沉积体积仅有23 m^3，仅占沟内侵蚀体积的12%，而该时期的沟内侵蚀体积则达到了190 m^3（表5-2）。对于Sidui gully3也同样存在这种现象，而且由于它发育的空间尺度要比Sidui gully2大，无论它的沟内沉积体积还是沟内侵蚀体积都要比Sidui gully2多（表5-3）。当然，这里的沟内沉积指的并非完全是沟道外部搬运来的物质在沟道内部的堆积，而主要应该是沟道内部的变化，有关这一点可以在沟内的蚀积变化图（图5-14）及沟道的净体积变化量上看出。处于高纬度地区的东北黑土区，这种沟道的发育特征可能具有普遍意义。

从系统论的观点来看，开放系统都能通过内外反馈作用改变储存或输出调节稳定状态，或自动调整其内部组织或结构来打破旧的稳定状态建立新的状态。无论侵蚀还是沉积都是一种物质与能量的调整或反馈过程，正是这种调整反馈过程孕育了沟道的发育。

一般在高纬度或高海拔地区都有冻融活动的存在，而它是一种重要的侵蚀能力或为后继的侵蚀提供基础前提或准备（Wolman，1959；Thorne，1990；Couper和Maddock，2001），并可能直接导致沟岸的后退和沟头的扩展。侵蚀沟发展到浅沟、沟道阶段，加剧了冻融侵蚀作用，因为沟的形式不仅破坏了地表的原始形态，更重要的是改变了土体与大气的热交换条件，使沟沿附近的土体由单向冻结变为双向冻结。当气温下降时，沟坡表面和地表面形成两个锋面，负温即从这两个方向同时向土体侵入，并在沟沿附近的下方形成双向冻结区。双向冻结的作用决定了冻土中冰晶体的排列方向和冻胀方向（图5-

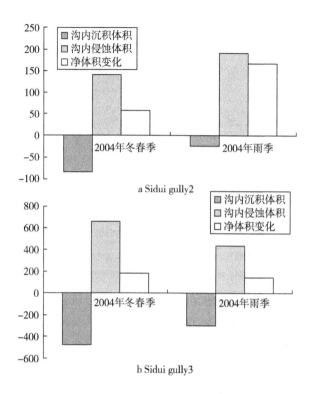

注：图中负值代表堆积，正值代表侵蚀，单位为 m³。

图 5 - 14　Sidui gully2、Sidui gully3 在 2004 年冬春季和
2004 年雨季的沟内蚀积变化

15），进而影响到水平冻胀力沿深度方向的分布（李益新等，2000）。

　　冻结过程中的土壤水分迁移，土体冻结后的含水量一般是冻结前含水量的 1.3 ~ 1.8 倍，由水变成冰时，体积将增大9%（李益新等，2000）。土壤水分在冻结时的体积扩张会削

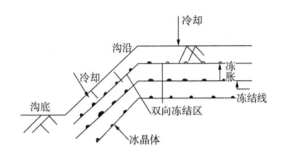

图 5 - 15　冻胀示意

弱土壤内部颗粒间的联锁力（granular interlocking）（Dietrich
和 Gallinatti，1991），并且土壤中的水分向冻结锋面的迁移也
会对土壤的稳定性产生扰动，并时而伴随着 needle-ice 的发育
（Meentemeyer 和 Zippin，1981；Lawler，1986；Krantz 和
Adams，1996；Matsuoka，1996；Prosser 等，2000）。侵蚀沟的
水平地面和沟坡均为约束度等于零的临空面，所以其冻胀作用
将以冻胀变形的形式向临空面发展。同时，由于沟沿附近的土
体为双向冻结，冻胀作用较大，当冻胀力大于土体内聚力时，
将在沟沿外侧出现冻胀裂纹，结冻面之后的静态压力的提高也
有助于沟坡、沟岸的崩落（Archibold 等，2003），特别是当沟
坡较陡时更是如此。在冻融和重力的双重作用下，沟坡及沟岸
上的土体很容易发生块体运动被移动到沟坡基部坡脚，这一过
程通常是通过沟岸冻裂、沟岸融滑、沟壁融塌和沟坡融泻等来
完成（刘绪军等，1999）。春季融雪径流的参与加剧了冻融侵
蚀过程，但由于春季雪融水产生的径流能量较小，其所产生的
侵蚀有限，沟坡基部由冻融作用产生的堆积物大部分不会被侵
蚀搬运出沟内，而且有限的侵蚀也主要集中在沟头部分。与之

相比，雨季产生的径流能量则要大得多，它不仅会将冻融产生的沟坡基部沉积物搬运输出，而且会导致沟底下切、沟坡剪切、沟头后退等新的侵蚀过程。由于沟坡变陡、沟底加深，这些过程又会反过来有助于冬春季地表冻融风化侵蚀的发生，冬春季冻融侵蚀产生堆积——雨季径流侵蚀产生侵蚀的过程，或许是高纬度或高海拔区沟道发育的一种重要模式。

这种沟道发育模式得到了多时相 DEM 叠加数据的支持（图 5 – 16）。对于 Sidui gully2，从图 5 – 16 可以看到 2004 年春季测量时发生沉积的面积明显要比同年雨季的大。通过属性表查询知：2004 年 6 月发生堆积的面积为 405 m^2，占到总面积的 53%；在雨季末 10 月发生堆积的面积只有 226 m^2，占总面积的比例只有 28%。从发生蚀积的部位来看（图 5 – 16），春季时较为严重的侵蚀都发生在沟岸及沟坡附近，与之对应的

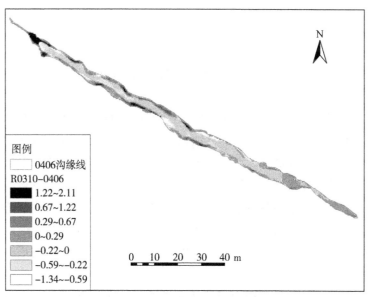

a

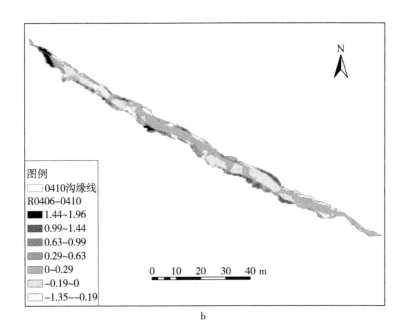

b

注：图中概念代表的含义同图 5-11。

图 5-16 Sidui gully2 不同时相 DEM 叠加结果

是堆积较多的发生在坡脚，侵蚀严重并且面积较大的发生在沟头附近；在秋季，严重的侵蚀也是发生在沟岸，但堆积较多的部位并不是在坡脚，而最严重的侵蚀仍发生在沟头附近。对比沟道的净体积变化和沟内的蚀积差异（图 5-14），可以得出这样的结论：在冬春季，侵蚀和堆积的变化主要是一种内部的调整过程，而这种调整过程是由冻融及雪融水导致的侵蚀所致；在雨季，侵蚀和堆积的变化则主要是一种与外部的物质和能量的交换过程。

根据本研究在鹤山径流小区的观测，2003 年雨季所有标准小区及坡长小区所产生径流的平均含沙量为 16.81 g/L,而在 2004 年 5 月 7 日所产生径流的含沙量仅有 1.25 g/L。这表明,尽管春季的径流总量可能很大,但径流的侵蚀能力与雨季相比非常有限,雪融水产生的有限径流能量主要消耗在沟头附近的边壁淘刷及泥沙搬运上。随着径流能量在沟头附近的消耗及沿程含沙量的增多,愈往下游径流能量愈小。在沟的中下游径流已经没有足够的剪切力来产生新的侵蚀,甚至低于输送泥沙的临界值而产生堆积。与之相比,雨季径流的能量则要大得多,它不仅会将沟岸坡脚处由冻融产生的堆积输送到沟外,而且会使沟床下切、沟岸淘刷、沟头溯源侵蚀。由于沟边灌丛的阻挡,一般在沟身很少有径流的汇入,换句话说,径流主要集中于沟头附近。表层黑土下的沙层或多层土壤结构都利于陡坎状沟头的出现,而陡坎状沟头反过来又利于冻融侵蚀的块体崩塌的发生。所以,在径流和冻融双重作用下,沟头附近的后退最快、侵蚀最为严重;而沟身的侵蚀主要是来自于沟坡的冻融侵蚀、坡脚的径流剪切,与沟头相比则要弱得多。

5.5 结语

处于发育初期阶段的沟道,在雨季的体积和面积变化似乎较明显地受侵蚀型降水的影响,而对于沟头的线形后退来讲,则可能较多地受到其他随机因素的影响。沟道发育初期,一旦侵蚀沟切入母质砂层,沟道的发展就会明显加快。在东北黑土区冻融侵蚀作用普遍存在,与雨季径流侵蚀相比,冻融侵蚀作用对沟道参数的作用并非一致。冻融及融雪径流侵蚀作用主要表现在对沟头线形后退及对沟道面积的影响,而对沟道净侵蚀体积变化的影响相对较小。冻融侵蚀对沟道沟头的线形后退影响明显，甚至超过雨季对线形后退的影响；与之相比，雨季的径流侵蚀更多的是对沟道净侵蚀体积的影响。此外，受日降水分布影响的土壤前期含水量可能也是影响沟道发展的一个重要因素。同时，沟道沟底生长的植被灌丛可以过滤泥沙，增加地表糙度，减少侵蚀。

对于发育到一定阶段的沟道，其形态特征与环境影响因素间保持相对的均衡。只要来自环境的输入不发生超出一定限度的突变，则沟道系统对来水来沙的变化有能力通过调整自身的结构和功能以保持其形态的适应性，使动力与形态趋于一定条件下的和谐有序。但当来自外界环境的输入超过一定限度发生突变时，沟道系统就会发生强烈的侵蚀和形态改变以适应这种突变。当降水量或降水强度在一定幅度范围时，径流能量产生的侵蚀有限，不至于破坏沟道的这种相对稳定性，但降水量或降水强度进一步增大，所产生的径流能量超过了沟道维持其相对稳定性的阈值时，沟道就会发生强烈的侵蚀。

将 2002 年 10 月到 2004 年 10 月两年整周期数据作为沟道参数的年变化，体积和面积变化只考虑没有受到明显人为填充的 Sidui gully2 和 Sidui gully3，沟头线形后退考虑汇水面积相对稳定的 Sidui gully1C 和 Sidui gully2。根据以上对各沟道的监测分析，沟道的体积侵蚀速率变化为 414 ~ 974 m^3/a，平均为 694 m^3/a；面积侵蚀变化为 261 ~ 388 m^2/a，平均为 324 m^2/a；沟头平均后退 3.9 ~ 9.85 m/a，平均为 6.88 m/a。与 2004 年侵蚀变化相比，侵蚀更多发生于 2003 年。冬春季的冻融及融雪侵蚀占到相当的比重，仅以 2004 年冬春季为例，冻融和融雪侵蚀造成的沟道体积后退就达 57 ~ 181 m^3，平均为 117 m^3；面积变化为 70 ~ 288 m^2，平均为 150 m^2；沟头线形后退 5.7 ~ 13 m，平均为 8.5 m。从计算依据可以看到，由于没有考虑第二种沟头类型即渐变式沟头，而它如果仅从变化来看要比第一种类型变化明显，所以这里的线形后退速率为一种相对保守计算。

与世界上其他地区相比，东北黑土区的沟道侵蚀速率相当惊人。Martínez-Casasnovas（2003）通过航片对西班牙东北部加泰罗尼亚（Catalonia）研究表明，沟头后退速率为 0.7 ~ 0.8 m/a，Oostwoud Wijdenes 等（2000）和 Vandekerckhove 等（2001）通过对西班牙东南部 46 个活动沟头的测量得出，沟头年侵蚀体积为 4 m³，相应的平均线形后退速率为 0.1 m/a。如果将沟头后退作为沟道侵蚀的分类标准，那么无论按 Zachar（1982）的标准还是我国水利部对沟蚀强度的分级标准，该研究区的沟道侵蚀已经达到强烈和极强烈的程度。

通过对沟道内部蚀积变化发现，在冬春季，沟内的堆积体积占有相当的比例，而在雨季，沟内的侵蚀则要占到绝对主导地位。据此初步认为东北黑土区沟道发育模式为：冬春季以冻融侵蚀产生的沟内堆积为主，是一种沟道内部物质的调整过程；雨季则以沟内的侵蚀占主导地位，是一种沟道与外界环境因素间的物质与能量的交换过程。该沟道发育的概念模式得到了 DEM 叠加数据的支持。

参考文献

[1] Archibold O W, Levesque L M J, de Boer D H, et al. Gully retreat in a semi-urban catchment in Saskatoon, Saskatchewan [J]. Applied Geography, 2003, 23(4):261 – 279.

[2] Couper Pauline R, Maddock Ian P. Subaerial river bank erosion processes and their interaction with other bank erosion mechanisms on the River Arrow, Warwickshire, UK[J]. Earth Surface Processes & Landforms, 2001, 26(6):631 – 646.

[3] Dietrich W E, Gallinatti J D. Fluvial geomorphology [M]// Slaymaker H Olav. Field experiments and measurement programs in geomorphology. A A Balkema: University of British Columbia Press, 1991.

[4] Evans R. Assessments of soil erosion and peat wastage for parts of East Anglia, England, a field visit[M]//Morgan R P C. Soil conservation: problems and prospects. Chichester, UK: Wiley, 1981.

[5] Evans R, Nortcliff S. Soil erosion in north Norfolk[J]. Journal of Agricultural Science, 1978, 90(1):185 – 192.

[6] Horton Robert E. Erosional development of streams and their drainage basins, hydrophysical approach to quantitative morphology[J]. Journal of the Japanese Forestry Society, 1945, 56 (3):275 – 370.

[7] Kosov B F, Nikolskaja I I, Zorina E F. Experimental research

into gully formation, Experimental Geomorphology [M]. Moscow: Moscow Univ Press, 1978.

[8] Krantz William B, Adams Katherine E. Application of a fully predictive model for secondary frost heave[J]. Arctic & Alpine Research, 1996, 28(3): 284 - 293.

[9] Lawler D M. River bank erosion and the influence of frost: a statistical examination [J]. Transactions of the Institute of British Geographers, 1986, 11(2): 227 - 242.

[10] Bissonnais Y Le, Bruand A, Jamagne M. Laboratory experimental study of soil crusting: relation between aggregate breakdown mechanisms and crust stucture[J]. Catena, 1989, 16(s4 - 5): 377 - 392.

[11] Bissonnais Y Le. Experimental study and modelling of soil surface crusting processes[J]. Catena Supplement, 1990, 17: 13 - 28.

[12] Martínez-Casasnovas J A. A spatial information technology approach for the mapping and quantification of gully erosion [J]. Catena, 2003, 50(s2 - 4): 293 - 308.

[13] Matsuoka Norikazu. Soil moisture variability in relation to diurnal frost heaving on Japanese high mountain slopes [J]. Permafrost & Periglacial Processes, 1996, 7(7): 139 - 151.

[14] Meentemeyer V, J Zippin. Soil moisture and texture controls of selected parameters of needle ice growth[J]. Earth Surface Processes & Landforms, 1981, 6(2): 113 - 125.

[15] Montgomery D R, Dietrich W E. Landscape dissection and drainage area-slope thresholds [M]//Kirkby M J. Process Models and Theoretical Geomorphology. Chichester, UK: Wiley,1994:221 - 246.

[16] Nachtergaele J, Poesen J, Steegen A, et al. The value of a physically based model versus an empirical approach in the prediction of ephemeral gully erosion for loess-derived soils [J]. Geomorphology,2001,40(3 - 4):237 - 252.

[17] Wijdenes D J O, Poesen J, Vandekerckhove L, et al. Spatial distribution of gully head activity and sediment supply along an ephemeral channel in a Mediterranean environment[J]. Catena,2000,39(3):147 - 167.

[18] Poesen J, Nachtergaele J, Verstraeten G, et al. Gully erosion and environmental change: importance and research needs [J]. Catena,2003,50(2 - 4):91 - 133.

[19] Prosser I P, Hughes A O, Rutherfurd I D. Bank erosion of an incised upland channel by subaerial processes: Tasmania, Australia[J]. Earth Surface Processes and Landforms,2000, 25(10):1085 - 1101.

[20] Prosser I P, Soufi M. Controls on gully formation following forest clearing in a humid temperate environment[J]. Water Resources Research,1998,34(12):3661 - 3671.

[21] Reed A H. Accelerated erosion of arable soils in the United Kingdom by rainfall and run-off[J]. Outlook on Agriculture,

1979,10(1):41 -48.

[22] Sidorchuk A, Marker M, Moretti S, et al. Gully erosion model-
ling and landscape response in the Mbuluzi River catchment
of Swaziland[J]. Catena,2003,50(2 -4):507 -525.

[23] Singer Michael J, Shainberg Isaac. Mineral soil surface crusts
and wind and water erosion[J]. Earth Surface Processes &
Landforms,2004,29(9):1065 - 1075.

[24] Thorne C R. Effects of vegetation on river bank erosion and
stability[M]//Thornes J B. Vegetation and Erosion. Chiches-
ter: Wiley,1990:125 - 144.

[25] Turkelboom F. On-farm diagnosis of steepland erosion in
northern Thailand[D]. Leuven: Fac of Agricultural and Ap-
plied Biological Sciences, K U Leuven,1999.

[26] Vandekerckhove L, Poesen J, Wijdenes D O, et al. Short-term
bank gully retreat rates in Mediterranean environments[J].
Catena,2001,44(2):133 - 161.

[27] Vandekerckhove L, Poesen J, Wijdenes D O, et al. Thresholds
for gully initiation and sedimentation in Mediterranean Europe
[J]. Earth Surface Processes and Landforms,2000,25(11):
1201 - 1220.

[28] Vandekerckhove L, Poesen J, Govers G. Medium-term gully
headcut retreat rates in Southeast Spain determined from aeri-
al photographs and ground measurements[J]. Catena,2003,
50(2 -4):329 -352.

［29］ Wolman M G. Factors influencing erosion of a cohesive river bank［J］. American Journal of Science, 1959, 257: 204 – 216.

［30］ Yalin M S, Karahan E. Inception of sediment transport［J］. J Hydraul Div Am Soc Civ Eng, 1979, 105: 1433 – 1443.

［31］ D Zachar. Soil erosion［M］. Elsevier Scientific publishing Company, 1982.

［32］ 李益新, 李松岩, 等. 克拜地区土体冻融作用与侵蚀沟发育特征浅析［J］. 黑龙江水专学报, 2000, 27(3): 89 – 90.

［33］ 黑龙江省水利厅勘测设计院土壤组. 关于黑龙江省土壤侵蚀区划及其分区概要(资料)［Z］. 1964.

［34］ 黑龙江省土壤、水利、林学、地理学会联合考察组. 黑龙江省低山丘陵和漫岗区耕地水土保持降水考察报告(资料)［Z］. 1966.

［35］ 刘绪军, 齐恒玉. 克拜黑土区沟壑冻融侵蚀主要形态特征初探［J］. 水土保持科技情报, 1999(1): 28 – 30.

［36］ 于章涛. 东北黑土地四个小流域切沟侵蚀监测与侵蚀初步研究［D］. 北京: 北京师范大学, 2004.

第6章 沟道中长期变化研究

6.1 引言

历史上东北黑土带长期是游牧和渔猎民族活跃的地区。从秦汉唐宋至明清，东北黑土带是来自北方的游牧渔猎民族与来自中原的农耕民族激烈角逐的历史舞台，频繁的冲突和战争伴随着对定居农业的不断破坏，使农业开发的历史进程经常被打断，农业发展一直比较落后。清乾隆时期，清政府对东北采取了全面封禁的政策，正式下令禁止关内流民出关出口。到清朝末年，清政府为了加强对边疆的控制，抵御沙俄、日本等列强的侵略，对东北边疆的封禁逐渐松弛，大片封禁的黑土带陆续开放。20世纪东北地区数度出现土地开发热潮，大量关内移民和周边地区的国际移民涌入东北地区，国内外资本也纷纷进入东北。到1940年，东北地区已开垦耕地1930万hm^2，占全区土地面积的14.8%（李振泉等，1988）。新中国成立后，东北地区加快了土地开发的步伐，建立了大批的国有农场，大批退伍军人挺进东北平原，开辟了广阔的新垦区，仅在黑龙江省就新开荒地7000多万亩，相当原有耕地的50%以上。同时，引进了拖拉机等近代农业设备和技术，借助农业现代化的推力，东北地区的土地开发以前所未有的规模迅速展开。1949—1990 年，仅黑龙江省就开垦耕地 596 万 hm^2，是新中国成立初期的 1 倍多（衣保中，2003）。经过近一个世纪的开发，东北地区成为我国最大的商品粮生产基地，实现了从"北大荒"到"北大仓"的历史巨变。

随着晚清特别是新中国成立以来的大规模移民和土地开垦，使东北地区在全新世适宜期的几千年里发育的黑土层，开始出现人为破坏和退化剥蚀的现象。许多现代土地利用活动加剧了土壤的可蚀性，如地表植被破坏及森林采伐、过度放牧、人工沟渠的修建和道路的建设与发展等都改变了原有的地表状况，引起地表汇流、产流过程发生改变。同时，人类长期的耕作活动对土壤理化性质也产生了影响，如有机质含量减少，结构性减退，人为耕垦使土壤不同程度的熟化等（中国土壤，1998）。

气候和土地利用变化往往是沟道产生、发展和后退过程中的关键因素（Beer and Johnson，1963；Thompson，1964；Seginer，1966；Stocking，1980；Burkard and Kostaschuk，1997）。土壤理化性质的改变也成为沟道形成与发展的潜在或直接原因，不仅如此，沟道的发生发展还受到全球变化的叠加影响。认识沟道的发生原因及发展过程，对于我们理解和预测地貌演化及地形地貌对气候变化的反应有重要意义，这一方面在实践上可以为我们在现有的财力物力基础上进行沟道治理提供理论依据，另一方面在理论上不仅可以加深我们对沟道侵蚀过程与规律的理解，还有助于深刻理解全球环境变化对沟道侵蚀的影响，也是评价及预测全球变化影响的基础。

本研究主要以小流域为空间尺度对沟道的发生原因及发展进行初步分析，小流域为鹤北流域中的 2 号和 8 号小流域，有关其详细情况请参见第 5 章。

6.2 研究流域

鹤山农场水利工程管理站于 1986—1988 年进行过一次田间冲刷沟治理，并记录有冲刷沟的调查情况；1993 年鹤山农场进行了详细的土地利用调查，其中，冲刷沟是调查的重要组成部分，记录有冲刷沟调查表。在冲刷沟调查表中分别记录了各冲刷沟所在的地号位置及对应各沟的长、宽、深和工程量等。1987 年和 1993 年两次调查表中的平均深度都在 2 m 以上，根据记录的冲刷沟深度判断，所记录冲刷沟应该属于沟道范围。由于这里的地块一般是以林带及谷地作为地块的分界，各地块界线比较明显，因此，我们可以将各沟道与鹤山六队的地号（图 6-1）相对应并从中筛选出 2 号和 8 号小流域的沟道。这里的问题主要在于沟道记录的宽度和深度，显然沟道（或冲刷沟）的宽度和深度是有明显变化的，但调查表中只记录有一个宽度和深度。根据与我们在 2004 年对 2 号、8 号小流域冲刷沟调查的宽深数据对比，冲刷沟调查表中的深度值应该是每条侵蚀沟的最大值，宽度则可能将沟道沟边影响的缓冲区域也进行了考虑。据此，我们认为根据调查表考虑流域尺度上沟道的沟壑密度变化应该是相对准确的，同时对于沟道破坏面积（沟道长度与宽度的乘积）也应该具有一定的可信度，但沟道体积则相对较大的夸大了实际情况。

同时，对典型 2 号、8 号小流域沟道侵蚀还进行了航片遥感资料解译。航片为 1959 年 8 月航测摄影负片，比例尺为 1 : 25 000，像幅大小为 18 cm × 18 cm，得到的为扫描分辨率 14 μm 的数字航片。遥感卫片为 2003 年 6 月拍摄的 Quickbird

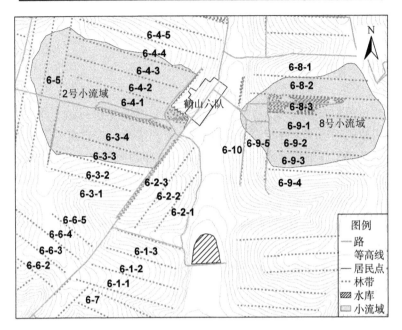

注：图中 6 - 2 - 1 表示地号，具体表示为 6 队 2 号地第 1 块地，其他数字具有类似含义。

图 6 - 1　六队各地块分布

卫星影像，其地面分辨率达到 0.61 m，可为我们提供详细的地面信息。原计划要利用航片立体像对构建数字高程模型（DEM），但由于所购得航片资料较早，缺少用于定位的内外方位元素，而且 1959 年的地表状况和现在差别非常大，现在基本到处都是连片的耕地，而 1959 年时有相当部分的原始林地，居民点村落和道路与现在都有很大变化，有时在一张航片就找不到可用的控制点，实地测量控制点也受到限制，这也给航片与卫片的配准带来了问题。因此，对航片的解译主要是单张航片的目视解译（图 6 - 2 和图 6 - 3）。

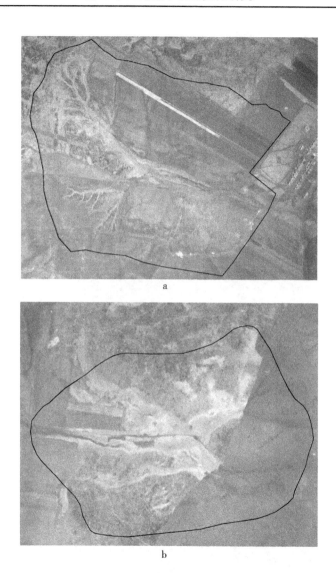

注：图中黑线为各自的流域界线。a 图为 2 号小流域；b 图为 8 号小流域。

图 6 - 2　2 号、8 号小流域 1959 年航片及各自流域界线示意

注: 图中黑线为各自的流域界线。左侧为 2 号小流域, 右侧为 8 号小流域。

图 6-3 2 号、8 号小流域 2003 年卫片及各自流域界线示意

由于航空摄影采用的是中心投影，即空间任意一点均通过某一固定点（投影中心）被投射到一平面（投影面）上而构成其影像。因此，当被摄地区地面起伏较大或航摄的飞行姿态出现较大倾斜时，均会使航片上的像素点产生像点位移，从而造成遥感影像的几何畸变，同时也造成航片上各处的比例尺不尽相同，而且距离投影中心越远变形越大。鉴于该地区为漫川漫岗地形，基本没有大的地势起伏，所以对因地势起伏较大而产生的投影误差我们可以忽略不计。航空遥感调查所获得的航片存在着一定程度的倾斜误差是难免的，根据所得航片对应的航摄鉴定书可知航片的倾斜角都小于 2°，属于轻微偏斜，故对其忽略考虑。对于航片各处的比例尺不同，一般将所选研究区域选在投影中心附近，使得量算范围内的各形态要素的误差一般控制在 5% 以内。根据航片比例尺将扫描航片转为自定义二维坐标中的地面实际比例尺，并将航片中沟蚀形态转绘为矢量格式，这样就可以在 GIS 及遥感软件中直接进行有关沟蚀形态要素的量算。

此外，我们于 2004 年春季对 2 号、8 号小流域进行了详细的沟蚀调查，这将在第 7 章中予以详细论述。讨论中所用降水数据为"九三"农垦分局气象站资料。

6.3　长期沟道变化

根据 1959 年 8 月拍摄的航片判读，在 1959 年时，2 号、8 号小流域还没有被完全开垦，特别是 8 号小流域还有相当部分为原始林地（图 6 - 2）。根据矢量化后的土地利用量算知，2 号小流域已开垦面积为 229 hm^2，尚未开垦面积为 131 hm^2，占到流域面积的 36%；与之相比，8 号小流域已开垦面积则很少，仅有 18 hm^2，尚未开垦的原始林地或草地有 212 hm^2 之多，占流域面积比例达到了 92%（表 6-1）。对于这时已经开垦过半的 2 号小流域，一个明显特征就是在低洼自然水线附近的原始林地还没有被开垦（图 6-2），这在相当程度上对地表起到保护作用。

表 6-1　1959 年 2 号、8 号小流域的土地利用情况

	2 号小流域	8 号小流域
开垦面积/hm^2	229	18
林地或草地/hm^2	131	212

从航片判读可知，与相对较少的开垦面积相对应，这时没有沟道发育形成，仅在自然水线附近有浅沟的痕迹（图 6-2）。量测结果表明 2 号、8 号小流域的浅沟长度分别为 3998 m、992 m，换算成沟壑密度分别为 1100 m/km^2 和 431 m/km^2。

根据黑龙江省测绘局 1984 年调绘，1988 年出版的 1:10 000 比例尺鹤山六队、鹤山九队地形图可知，1984 年时防风林带的布局已经定型，也就是说当时地块的分布和现在相同，这就意味着当时的土地利用情况已经和现在基本相同，土地大部分已经被开垦。根据 2004 年野外调查及卫片 Quickbird 判读，2004 年 2 号小流域开垦耕地面积约为 326 hm^2，林草面积仅有约 12 hm^2；8 号小流域农用地面积达 196 hm^2，林草面积有约 26 hm^2。

鹤山农场史中对农业的记载也说明了这一点（鹤山农场史，1985）。农场的开垦工作是伴随着农场的创建而开始的，

鹤山农场创建于 1949 年，在建场之前的日本开拓团曾于 1939
年进入现鹤山农场附近，开垦土地，种植粮食，进行农业生
产，但其规模小，开垦土地较少，经营时间也很短。在 1945
年 9 月 3 日，日本侵略者宣布无条件投降之前的 7 月，开拓团
全部撤走，至此开垦出来的土地撂荒了 4 年。1949 年国有鹤
山农场创建后，又将这部分土地首先开垦出来，在此基础上，
逐步扩大土地的开垦范围。鹤山农场地处丘陵漫川漫岗地带，
荒地条件复杂，大部分为柞树林、灌木林地，还有一部分沼泽
地，这给在建场初期本就人力、物力和机械不足的开垦工作带
来诸多的困难。也就是说农场的开荒开垦工作是逐步进行、逐
年发展而来的。开荒较多的 1950 年开荒 12 万多亩，其他开荒
较多的是 1954—1965 年，这 12 年间年均开荒都在万亩以上。
1972 年以前基本是年年开荒，到 1973 年以后的耕地面积基本
稳定，增减变化不大。

随着大规模的农业开垦活动的进行，沟道开始出现并呈逐
年增多趋势。根据统计（图 6 - 4a），1987 年调查表中 2 号小
流域出现了 4 条沟道，8 号小流域有 2 条沟道出现。到 1993
年 2 号小流域沟道增加到 10 条，8 号小流域则增加到 4 条。
2004 年根据我们的野外调查，2 号小流域的沟道已经发展到
13 条，8 号小流域则增加到 10 条。这些沟道的出现与增多一
部分是在原先低洼的自然水道上出现并发展，另一部分则是随
着路的形成而形成与发展。如 2004 年调查的沟道中，2 号
小流域中就有 5 条沟道分布于路边，8 号小流域有 6 条分布于
路边。

沟道沟壑密度及沟道破坏面积占流域比例也是逐步增加的
（图 6 - 4b、图 6 - 4c）。1987 年 2 号小流域的沟道密度为
258 m／km^2，到 1993 年增加到 818 m／km^2，而到 2004 年则更

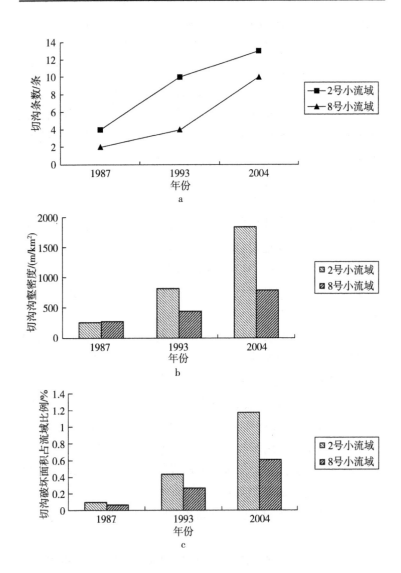

图 6-4　1987、1993 和 2004 年 2 号、8 号小流域沟道侵蚀状况

增加到 1839 m/km^2，沟道密度 1987—2004 年年均增加 92 m/
km^2。与之相比，8 号小流域增加的则要缓慢，年均增加
30 m/km^2。沟道破坏面积占流域比例也表现出同样的增加趋
势（图 6-4c），如 1987—2004 年 2 号、8 号小流域的沟道破
坏面积年均增加值分别为 634 m^2/km^2 和 319 m^2/km^2。对比沟
道沟壑密度和破坏面积在两个时段即 1987—1993 年和 1993—
2004 年的变化相差不大，如 8 号小流域沟壑密度在 1987—
1993 年的年均变化为 28 m/km^2，1993—2004 年的年均变化为
31 m/km^2，基本一致。两个小流域沟道侵蚀的差别主要在于
它们土地利用方式不同，特别是 8 号小流域面积占小流域
11% 以上的林草覆盖起到了很好的保护作用。两个小流域的差
别将重点在第 7 章予以分析。

对照 1959 年的航片与 2003 年卫片 Quickbird 及 2004 年野
外调查结果，可以发现原先低洼水线附近的浅沟一般都得到进
一步发展。这里需要说明的是耕地中的沟道对连片的机械化耕
作影响较大，所以往往一旦出现就会临时用沟道周边的表土填
埋，这在一定程度上掩盖了沟道侵蚀的严重性。但由于对沟道
的临时填埋没有任何水保措施，而且沟道的汇水面积也会由于
沟道周边表土对沟道的填充而变大，这样在遇有暴雨或连续降
水的情况下就会很容易冲走沟道填充土并产生更大的侵蚀。这
也是在 2003 年 Quickbird 上判读沟道侵蚀不明显而在 2004 年
春季调查中显示明显沟道侵蚀的原因所在。

6.4　沟道产生原因

降水由于鹤山气象站建于 1972 年，在此我们以"九三"
农垦分局气象站资料来进一步分析。根据第 5 章的分析我们知

道沟道的形成发展主要集中在两个时期，一个是春季冻融期，另一个是夏季降水集中期。"九三"气象站 1954—1995 年各年两个时期降水分布如图 6 - 5 所示。从图 6 - 5 可以看出，1959 年前后的降水变化并不大，也就是说在大规模开垦前造成沟道形成的降水条件是存在的。沟道在大规模开垦之前没有形成的事实说明，降水是沟道形成的必要条件，但非充分条件。

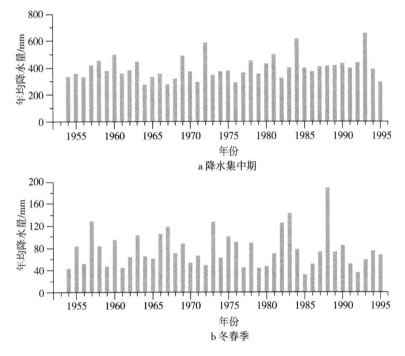

图 6 - 5 "九三"气象站各年降水集中期（6—9 月）和
冬春季（11 月、12 月、1—5 月）降水分布

沟道是降水与地表相互作用造成的产物，其中诸如土壤、植被、基岩等地表状况及地貌因素等都对沟道的形成发展具有

重要作用，而作为长期地质作用形成的土壤、基岩母质及地貌等因素在短短几十年内的变化应该很小，可以近似忽略不计，但地表植被在人类活动的作用下却可以发生很大变化。植被覆盖率的高低，直接影响到水土流失的程度。良好的植被覆盖地面，截持降雨，不能产生雨滴溅蚀破坏；植物根系还能固结土壤，提高土体的抗冲能力和抗侵蚀能力；植物茎叶不仅可以增加土壤表面糙率，起到降低流速的作用，而且还可以增加蒸发与入渗，起到减小地表径流的作用。

从1959年的航片上也可以看出植被对降低侵蚀的作用，尽管在此之前的降水条件与之后差不多，但在1959年之前却没有沟道的出现，即使在低洼的自然水线上也只不过是有浅沟的痕迹，原生的自然植被对地表起到了良好的保护作用。随着大规模农业开垦活动的持续进行，农场连队为了土地连片以便于大规模机械化耕作，将原有自然水线开垦，自然水线附近的自然植被被破坏殆尽，地表季节性裸露，变成无植被自然水线，但仍要作为自然排水渠道，加之表层土壤被来回翻耕，土质变得疏松，这样地面就失去了自然植被的保护作用。

耕地土层以黑土和棕色森林土为主，其成土母质为第四纪时期沉积的厚层以河湖相为主的松散沉积物，这些沉积物的岩性主要为细砂，土质松散耐冲力差，在此基础上发育了厚度不等的全新世黑土层，就是这层黑土构成了下伏砂层的"保护层"。从黑土的颗粒组成来看（表6-2），土壤质地多为黏壤土到粉黏土，颗粒组成以粗粉砂和黏粒为多，各占30%~40%，具有黄土状黏土的特点，表层（0~30 cm）黏粒较少，质地较轻，淀积层和母质层黏粒较多，质地较重。在约0.5 m深处有一个透水性极弱的心土层，稳渗率小于10 mm/h，助长了水分在土壤上层的停留，限制了上下土层的水分交换

（中国土壤，1998）。经过耕种的黑土，其土壤形态和肥力特性与原始土壤相比有明显的差异。经过耕作，自然土壤表土和心土拌混形成新的层次组合。一般说来，表层 15~20 cm，由于常年进行耕翻和铲作，土壤变得疏松多孔，受地表生物气候的影响较大，比较通气、透水，物质转化快，水分养分供应较多，形成"耕作层"。在耕作层之下，受地表生物气候影响较小，冷热变化缓慢，通气透水性差，表层黏粒向下移动，微生物活动较弱，出现一坚实的"犁底层"（衣保中，2003）。

表 6-2　黑龙江嫩江黑土颗粒组成

深度/cm	层次	各级颗粒含量（粒径：mm）/%						
		1.00~0.25	0.25~0.05	0.05~0.01	0.01~0.005	0.005~0.001	<0.001	<0.01
0~20	AP	2	7	33.1	9.7	16.8	31.4	57.9
20~50	A	2	4	29	10.1	14.3	40	64.4
50~90	AB	2	2	29.1	8.8	13.9	44.2	66.9
90~140	B	1	4.8	29	10.1	10.9	44.2	65.2
140~220	BC	1	11	32.3	2.8	11.3	41.6	55.7

资料来源：中国土壤，1998。

从以上分析的黑土机械组成、结构性等来看，黑土表层透水性是相对较好的。据研究证实，耕层每小时透水量为

96 mm；20～60 cm 透水速度下降，但由于土壤结构较好，透水速度仍达 39～48 mm（中国土壤，1998）。当土壤处于含水量相对较低时，如降雨不大，表层就可以接纳大量雨水。但是黑土母质黏重，下层紧实，透水不良，中厚层黑土在 60 cm 下的土层每小时透水速度小于 28 mm（中国土壤，1998），土层黏紧，透水速度极弱。因此，每当夏秋降水过度集中时，黑土0～60 cm 土层有时就可以短期处于水分饱和状态。

这里特别需要注意的是季节性冻土层的影响。东北地区普遍存在季节性冻土层，以"九三"农场为例（中国土壤，1998），土壤冻层自 10 月末形成，至翌年 8 月下旬全层融通，全程 300 天，最大深度达 250 cm。降水或冻层融解时释放出的重力水被阻留在冻层之上，限制了水分的下渗，形成临时滞水。冻土层形成的隔水层，加上弱透水性的心土层的作用，致使土壤上层往往达到饱和持水量，因此，增加了地表径流形成的可能性与强度。季节性冻土层不仅对透水性产生影响，而且会削弱土壤抗蚀性。由 Sharrantt 等对"北美黑土带解冻期水土流失"的研究结果证实："经冻融交替的土壤比没经冻融交替的土壤流失量增加 24%～90%"（Sharrantt 等，2001）。

黑土多处在 7°以下坡地，小于 2°～4°的占 70% 多；坡面较长，有的可达 1000～4000 m，径流较易集中。降水集中，且多暴雨，最大日降水量为 120～200 mm。据鹤山农场气象站1972—2003 年降水资料统计表明，年均 534 mm 的降水中有78.7% 的集中于 6—9 月，而根据鹤山农场气象站 2002—2004年观测的日降水资料，最大日降水达 61.3 mm/d。降水集中，超越了土壤渗透性、持水性，特别是春季桃花水时地表土壤破坏性更为严重。在每年 5 月表层土壤融化，表土结构在经过冻融作用之后十分松散，而且这时冻层浅，土壤渗透系数小，坡面较长的地形使冬季积雪融化可以形成很大的地表径流，地表化一层侵蚀一层，自然水线附近侵蚀尤甚，失去地表植被保护的表层壤土很容易被水流带走形成雏形沟。如果春季适逢有较大降水就会加剧沟道侵蚀，我们在2004年春季的野外考察中就发现了这种情况，甚至仅春季降水和雪融水的作用就可以形成沟道。在接下来降水集中的6—9月，降雨频繁，土壤持水性很快达到极限值而呈过饱和状态。这时，在地表径流的作用下，春季形成的雏形沟得到快速发展而成为发展型沟。耕作之后，发展型沟的形态虽然被破坏，但发展型沟的发生部位形成了凹形更大的表面，下一次暴雨时，在发展型沟发生的地方，便可汇集较上一次更多的径流，冲走更多的土壤，使发展型沟得到进一步的发展。在土层较薄的地方，一旦冲破表层黑土使松散的砂质河湖相母质出露，发展型沟就会发生快速的沟头溯源、沟底下切侵蚀，发展成为沟道。可见，在地表植被破坏的情况下，冲刷—耕作不断循环的结果，使径流汇集面积日益增大，暴雨发生时吸收更大范围的径流汇集，形成冲刷力很强的股流并最终导致沟道的形成。

沟道的形成与路的关系非常密切，由于路面的渗透性远远小于耕作土壤表面，在同样的降水条件下路面可以形成径流，而耕作坡面的降水则可能完全入渗。在路边没有安全排水沟的情况下，路边很容易形成沟道，一旦形成沟道便会快速溯源侵蚀，尽管它的汇水面积可能很小，但它的发展速度是非常迅速的。图6-6为8号小流域路边沟道分别在2004年春季和秋季时的形态。

a

b

注：a 图为 2004 年春季拍摄；b 图为 2004 年秋季拍摄。

图 6 - 6　8 号小流域路边沟道的发展示意

6.5 结语

沟道的出现是随着人类不合理的开垦活动而出现的，降水只是产生沟道的必要条件，而非充分条件。地表植被特别是低洼水线附近的植被破坏成为导致沟道的形成的直接诱因。土壤的质地、结构、透水性等理化特性及坡度、坡长等地形因素是产生沟道的基础。人类不合理的开垦耕作、森林乱伐、草原破坏、无计划的筑路、开矿等活动是产生沟道的最终原因。

黑土地区的降水主要集中在夏季，且多暴雨，底土黏重，季节性冻土深厚，春季融冻水和夏季大量降水难以下渗，在坡面造成巨大的径流，加之地表植被，特别是自然水线附近的植被破坏，使地表失去植被保护作用，引起水土流失和极易导致沟道形成。

随着大规模的农业开垦活动的进行，土壤理化性质衰减，沟道呈逐年增多趋势。2号和8号小流域1987年有4条和2条沟道出现；到1993年分别增加到10条和4条；2004年则分别发展到了13条和10条。沟道沟壑密度及沟道破坏面积占流域比例也是逐步增加的，2号和8号小流域沟道密度1987—2004年年均分别增加92 m/km^{2}和30 m/km^2。沟道破坏面积占流域比例也表现出同样的增加趋势，1987—2004年2号、8号小流域的沟道破坏面积年均增加值分别为634 m^2/km^{2}和319 m^2/km^2。两个小流域沟道侵蚀的差别主要在于它们土地利用的不同。根据沟道发育地貌部位的判断，今后沟道数量增加的可能性不大，但由于沟道后退的很快，所以沟道沟壑密度还会进一步增加，由此导致沟道的破坏面积也同样扩大。

沟壑的治理应根据沟壑的类型和发展阶段，采取不同的措施。在开垦较晚，沟蚀还不太明显，应尽量保留"水线"的天然植被；如"水线"已开垦为耕地的，应酌情退耕，恢复植被或栽植林草，以免冲刷成沟。在沟蚀较重、沟壑密度大的地方应修筑沟头埂，封沟埂、跌水、谷坊、塘坝、小型水库，并在沟中造林植树，以拦蓄泥沙，调节径流，防止沟蚀进一步发展。在坡耕地的"水线"或浅沟，用修筑水簸箕或其他耕作措施即可逐渐淤平。

参考文献

[1] Beer C E, Johnson H P. Factors in gully growth in the deep loess area of western Iowa[J]. Transactions of the Asabe, 1963 (3):237 - 240.

[2] Burkard M B, Kostaschuk R A. Patterns and controls of gully growth along the shoreline of Lake Huron[J]. Earth Surface Processes and Landforms, 1997, 22(10):901 - 911.

[3] Seginer Ido. Gully development and sediment yield[J]. Journal of Hydrology, 1966, 4:236 - 253.

[4] Sharratt B S, Lindstorm M J. 北美黑土带解冻期水土流失 [J]. 水土保持应用技术, 2001(4):1 - 4.

[5] Stocking M A. Examination of factors controlling gully growth [M]//De Boodt M, Gabriels D. Assessment of Erosion. Chichester: Wiley, 1980:505 - 520.

[6] Thompson James R. Quantitative effect of watershed variables on rate of gully - head advancement[J]. Transactions of the Asabe, 1964(1):54 - 55.

[7] 李振泉, 石庆武. 东北经济区经济地理总论[M]. 长春:东北师范大学出版社, 1988.

[8] 全国土壤普查办公室. 中国土壤[M]. 北京:中国农业出版社, 1998.

[9] 衣保中. 近代以来东北平原黑土开发的生态环境代价[J]. 吉林大学社会科学学报, 2003(5):62 - 68.

第 7 章 流域沟蚀现状

7.1 引言

沟道发育不仅具有时间尺度上的不同，而且具有空间尺度上的差异。实际上，人们对沟道侵蚀的日益重视，反映了人们对土壤侵蚀在空间尺度上的认识加深。以往人们对土壤侵蚀的认识往往来自于径流小区尺度上的片蚀（sheet erosion）和细沟侵蚀（rill erosion），而越来越多的证据表明，土壤流失量在相当大的程度上依赖于所研究区域的空间尺度大小，一定面积的土壤流失速率会随着研究区域的扩大逐渐增大，一旦超过一个临界面积（相应于沟道得以发展的地貌临界），土壤流失速率会突然增大一个数量级（Poesen 等，1996；Osterkamp and Toy，1997）。同时，对于沟道侵蚀研究，空间尺度不同，沟道侵蚀的程度也存在差别。如 Govers（1988）在比利时中部坡面上测得的沟道侵蚀占总土壤流失量的 10%，而 Quine（1994）对同一地区测得的沟道侵蚀比例占 60%，之所以出现如此大的差异，主要是由于 Govers 等研究考虑的区域过小，只有 0.75 hm^2（Poesen 等，2003）。在地中海，一个流域中沟道数量的多少似乎成了流域产沙幅度的一个重要指标（Poesen

等，2003）。有学者甚至将每表面单位的沟道数量、沟道密度及侵蚀扩展速率等作为侵蚀程度的分类标准（Kalinicenko 等，1976；Zachar，1982）。因此，要确切客观地了解一个区域的沟道侵蚀现状，就要从大的流域尺度上来加以研究。广义上，从水土保持的观点来看，对水土的保持和自然资源的管理以流域为基本结构框架也是合乎逻辑的（Hurni，1985；Sivamohan 等，1993）。

7.2 研究流域及方法

7.2.1 小流域的选择和研究内容

根据漫川漫岗黑土区河流呈枝状分支的特点，我们选择两个最基本的河流单元也即河流的一级支沟作为研究对象，于 2004 年 6 月对两个小流域进行了小流域尺度沟蚀调查。两个小流域位于鹤山农场六队，是鹤北流域的一部分。结合鹤北流域的情况，将两个小流域分别命名为 2 号小流域和 8 号小流域（见书末彩插图 7 - 1）。2 个小流域的特征如表 7 - 1 所示。

表 7 - 1 两个小流域的特征

	流域面积/km²	平均坡度/度	流域比降*	农用地比例/%
2 号小流域	3.6	3.85	0.028	90
8 号小流域	2.8	4.15	0.038	85

注：*流域比降根据 $(H_1 - H_2)/\sqrt{F}$ 计算得出，其中 H_1 为流域最高点高度，H_2 为流域最低点高度，F 为流域面积。该流域比降公式适用于地势平坦，成椭圆形的流域（沈玉昌等，1986）。

对 2 号、8 号小流域的调查内容包括详细的沟蚀现状及土地利用状况。如前文所述，浅沟和沟道二者在理论上有相对明确的意义，但在实际应用中却常常将两者混淆（Bull 和 Kirkby，1997）。实际在某种程度上，对与水力有关的侵蚀形态的划分存在一定的主观性（Grissinger，1996；Poesen 等，2003）。这就要求我们要抓住事物的主要矛盾，同时，也要考虑其与周围环境的关系。在本研究中，对沟道与浅沟的判断标准略作调整，即在同一地块中，对于一条不能完全确定为沟道的沟，像在沟身有多处跌坎，而且其发育的规模足以妨碍正常的耕作，但是在其他部分，尽管沟蚀明显，但还不足以影响正常耕作，这时，如果将这条沟作为一个整体来考虑，它已经将这一地块切割，并且妨碍了正常的耕作，因此，我们就将其看作沟道。

由于我们调查时正值春耕前后，所以，多数浅沟已经被耕作"破坏"，有些则是边调查边被耕作消除。由于耕作的影响，尽管浅沟的形态已经不容易看出，但通过对局地地形地貌及侵蚀沟下游的沉积沙砾的判断，浅沟的轨迹仍然可以清楚地判断出来。对于浅沟，我们只用手持 GPS 记录它的起始坐标位置，若沟身轨迹曲折变化较大，也记录下它变化转折处的坐标位置。这样我们就可以将他们落实到数字化后的地形图上，获知它的长度及其他一些地形参数。对于沟道，其地理坐标和形态参数（宽度和深度）则都进行详细的测量，以便获知它的侵蚀参数。

除对 2 号、8 号小流域的浅沟和沟道进行详细的调查外，我们还对部分分支小流域发育的细沟进行了调查测量，测量内容主要包括细沟的形态参数（宽深）和沟头处的坡度。在下面浅沟临界汇水面积和临界坡度的统计中除了 2 号、8 号小流域的浅沟外，还包括同一时期调查的其他小流域中的浅沟。此外，在 2003 年秋季我们还对鹤山农场本部和三队间的浅沟进行了调查，获得了浅沟的形态参数，这样就在一定程度上弥补 2004 年春季浅沟形态参数被破坏的不足。

7.2.2 研究方法

（1）方法的选择

正如在第 3 章中对差分 GPS 测量与传统方法的对比研究所表明，如果是对于流域尺度的沟蚀量，调查传统方法可能更具有优势。在对 Sidui gully2 的传统测量中，我们对其上下底宽都进行了测量，但野外实际测量中，由于沟底积水等种种原因，沟底宽度可能无法测量，这样如果将沟道横截面按矩形计算的话就会使体积明显偏大（图 7 - 2）。对于像 Sidui gully2 这样处于发展中阶段的沟道，由于沟底水流对沟坡的剪切塑造，沟底一般不会有较多的堆积物，但即便如此，我们对 Sidui gully2 的计算表明，横截面按矩形计算得到的体积比按上下底宽计算得到体积多出 162 m^3，其比例占到计算体积的 14.9%。这样，我们就可以将 14.9% 作为一个校正参数来对体积数据加以修正。

（2）方法的具体应用

本研究结合了现代测量技术与传统测量手段相结合的方法，即将传统的测尺测量与手持 GPS 测量相结合。所用 GPS 为 GARMIBN 公司生产的 12C／12XLC 型 GPS，其水平定位精度可以达到 5 m。测尺主要用来测量沟的宽度和深度，GPS 用于测点的定位和测量间隔的确定。

很明显沟道的宽度和深度会随着长度发生很大变化，这就意味着很难在每一个地形破碎部位进行测量，尤其是在流域尺

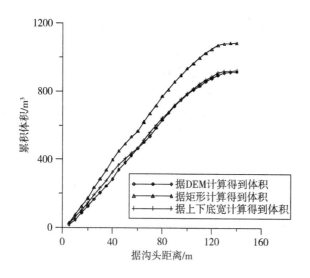

图 7 - 2　Sidui Gully2 根据不同方法算得体积累积变化

度的测量中更是如此。根据我们前面的计算，用横截面积和固定间隔的乘积就可以得到相当精度的侵蚀体积数据。在本研究中，测量的间隔在 2 号流域为 50 m，8 号流域为 20 m。间隔距离从沟头处开始算起，每隔 20 m 或 50 m 测量沟道的形态参数（宽深），到沟尾沉积处如果不到 20 m 或 50 m 就不算在内。由于所有横断面都是按矩形看待，这样势必就过高估计了侵蚀量。根据前面对 Sidui gully2 的计算，像 Sidui gully2 这样处于发展中的沟道，将横截面按矩形计算得到的体积比实际体积多出部分占到计算体积的比例为 14.9%。这样，我们就可以将 14.9% 作为一个校正参数来对体积数据加以修正，即：

沟蚀体积 = 宽度 × 深度 × 测量间隔 × (1 - 0.149)。

侵蚀沟的发展不仅其自身会影响正常的耕作，而且一般其沟缘存在一个缓冲地带，也不利于机械运行。在此，我们计算侵蚀沟的影响面积时，除沟道本身的面积，另统一设定沟道的缓冲距离为 5 m，浅沟的宽度统一为 2 m。

对于沟头坡度的测量则有多种不同的标准，有的是在与沟道平行的坡面测量，有的则是在沟身最陡处进行测量。侵蚀沟出现后沟头会发生溯源侵蚀，沟头上移。Desmet（1999）通过比较相对面积指数认为侵蚀沟的发生更多的受坡度的控制。在本研究中，由于产生细沟的坡面整体坡度变化不大，故而细沟坡度的测量为从沟头处测量，具体为从沟头向上方汇水方向外推 5 m，用坡度仪测量。对于浅沟汇水面积和坡度则用 1:10 000 比例尺地形图从坡度最陡处量得。

7.3 分布特征

细沟、浅沟和沟道侵蚀作为土壤侵蚀的重要侵蚀方式，分布十分普遍，并且它们所产生的水土流失量在总水土流失量中占有相当的比例。由于细沟和浅沟相对受人类活动影响比较大，加之鹤山漫川漫岗黑土区基本已经为人类开垦完毕，所以，在不同的调查季节看到的沟蚀状况（主要是细沟和浅沟）可能有比较大的差别。

7.3.1 细沟的形态及分布特征

为了保水保墒，人们一般采取垄作种植，但这里的垄作方式一般并不是完全等高垄作，这样就不利于水土的保持（因为径流会沿坡地向低洼处流动产生侵蚀），而且细沟侵蚀也被垄沟侵蚀所替代。黑土区坡长较长，一般可达 300 ~ 500 m，长者可高达 1000 多米。在坡面底部垄沟中的汇水相对集中，使得垄沟内的侵蚀可能较为严重。根据野外的测量，垄沟内细沟侵蚀的深度可以达到 20 cm。在 2004 年春季的野外考察中，我们在春小麦地中发现了分布广泛的细沟，如图 7-3a 所示。细沟的分布随着坡面形态和耕作方式的不同而有差异。野外调查发现，在小麦顺坡种植的直型坡面上，细沟分布的平均间隔为 5~7 m，深度一般为 2~20 cm，平均深度 8 cm；宽度变化为 20~500 cm，平均宽度 58 cm。小麦近乎等高种植的坡面上，细沟分布间隔为 90~100 m，深度为 1~30 cm，平均深度 9 cm；宽度为 15~260 cm，平均宽度 98 cm。利用坡度仪对细沟沟头处坡度测量结果发现，细沟沟头的坡度变化较缓，不同坡度出现细沟的频度统计表明（表 7-2）：60% 以上的细沟出现在 3°~4°，16% 出现在 2°~3° 及 ≥4°，不足 10% 的细沟分布在 1°~2°。野外观测表明，细沟侵蚀的起源往往与车辙痕迹有关（图 7-3b）。

表 7-2　细沟分布坡面坡度状况

坡度/度	<2	2~3	3~4	≥4	备注
条数	1	4	16	4	坡度仪测量
比例/%	4	16	64	16	

7.3.2　浅沟的形态及分布特征

一般而言，浅沟是细沟和沟道之间的过渡形态，通常是由

a 坡面细沟形态

b 沟头处的车辙

图 7 - 3   坡面细沟形态及沟头处的车辙

细沟侵蚀的不断发生发展演化而来的。根据我们的野外观测，在平行于垄作方向上一般没有浅沟和沟道的发生，通常都发生在横剖面为凹形的坡面上，并且凹形（或微凹）坡的主沟线（谷底线）与垄作方向垂直或成一定角度，但没有平行垄作方向的。

　　垄沟内的水流若冲不破垄埂，由于它的汇水面积有限，产生的剪切力也非常有限，达不到浅沟发生的临界剪切力的值。在垄作方向与凹形坡面谷底线垂直或斜交（但没有平行垄作方向）的情况下，由于凹谷低洼处两侧垄沟来水汇集，很快使垄沟决口，加之集流水路上的有效坡度也相对较大，这使得凹形坡集流水路上的水流剪切力大大增加，相应浅沟出现的概率升高。同时，在集流水路上，由于拖拉机犁耕时犁齿对表层土壤的疏松深度要较非凹形坡要大（图 7-4），这使得凹谷低洼处土壤松散，抗蚀性减弱。在发生暴雨或有连续降水的情况下，凹形坡的集水流路上可以吸收两侧垄沟较大范围内的水流使径流汇集，形成冲刷力很强的股流而使土壤被大量冲走，继而形成浅沟（图 7-5）。可以看到谷底中与之垂直分布的垄沟和垄台在水流的冲刷下表现为搓板状，这是由于一方面受到起垄耕作方式的影响（有垄沟和垄台），另一方面侧向流入垄沟

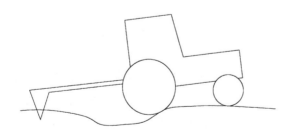

图 7-4　拖拉机耕作时对自然水道的破坏示意

a

b

图 7 -5　浅沟形态特征

内水流的紊动性加大了对土壤的侵蚀，与之相比，垄台则有种
植作物的保护，这样就造成了形如搓板的浅沟。综上所述，浅
沟的形成与分布大多受地形的控制，同时，土地耕作方式也会
对浅沟的发生产生影响。

　　浅沟是地表径流进一步汇集成线状水流后进一步侵蚀的结

果。它的发生要求具有很大侵蚀力的股流，正如前面讲到的，只有径流产生的剪切力超过临界剪切力，沟道才有产生的可能。根据曼宁公式，水流的剪切力可表示为：

$$\tau = \rho g d s , \qquad\qquad (7-1)$$

式中，τ 为水流的剪切力，Pa；ρ 为水流的密度，kg/m^3；g 为重力加速度，9.8m/s^2；d 径流深度，m；s 为坡面坡度的正弦值。按照 Leopold（Leopold 和 Miller，1956）的观点，汇水面积与流量成正比，而流量与径流深度成幂函数关系（Lepold 和 Maddock，1953），由此可以认为，浅沟侵蚀发生所必需的临界剪切力具体体现就是要有一定的临界坡度和临界汇水面积（陈永宗，1984）。

通过调查鹤北流域部分分支小流域的浅沟，表明浅沟发生坡面的坡度约 50% 集中于 2° ~ 3°，远远小于黄土高原 18° ~ 35°的坡度（张科利，1988）。但发生浅沟所需的汇水面积远远大于黄土高原，所统计浅沟中 76% 以上的集中于大于 2 hm^2，最大的则达到 8 hm^2，平均为 3.4 hm^2，最小的汇水面积也约有 0.6 hm^2。从浅沟沟头到分水岭的距离（分水距）也可以看出这一点，统计的 34 条浅沟中有 25 条的分水距在 150 m 以上，平均分水距为 210 m（表 7-3）。

表 7-3　浅沟分布坡面特征

临界面积/hm^2	< 1	1 ~ 2	2 ~ 3	3 ~ 4	4 ~ 5	5 ~ 6	> 6	备注
条数/条	2	6	9	6	4	4	3	1/10 000 比例尺地形图测算结合实地测量
比例/%	5.88	17.65	26.47	17.6	11.76	11.76	8.82	

分水距/m	<50	50~100	100~150	150~200	200~250	250~300	>300	备注
条数/条	2	4	3	6	5	7	7	1/10 000 比例尺地形图测算结合实地测量
比例/%	5.88	11.76	8.82	17.6	14.71	20.59	20.6	
临界坡度统计	<2	2~3	3~4	4~5	>5			
条数/条	2	16	10	5	1			
比例/%	5.88	47.06	29.41	14.7	2.94			

坡度对径流速度的影响必须以足够的径流量为前提，没有一定的径流，即使降水坡度很陡也很难发生浅沟侵蚀。同样，地面的降水如果没有势能也就不会流动，水流的剪切力也就无从谈起。也就是说，浅沟侵蚀的发生与否是由坡度和汇水面积共同作用来实现。因此，浅沟侵蚀发生的汇水面积和坡度应该有一定的关系（图 7-6）。

将浅沟的坡度和汇水面积分别作为以对数为底的横纵坐标，对浅沟的坡度和汇水面积进行相关分析，得到如下关系式：

$$A = -4.628\ 195\ 97\ln(S) - 10.263\ 373\ 04, \quad (7-2)$$
$$R = 0.77,$$

式中，A 为汇水面积，hm^2；S 为坡度，m/m。

随着坡度由小变大，汇水面积则由大变小。这是因为在坡度较小时，只有汇集更大范围的径流，才能保证有足够的径流动能使浅沟侵蚀发生。随着坡度增大，同一流量下的径流速度增加，而且坡度增加也使径流入渗量相应减少，相同降水条件

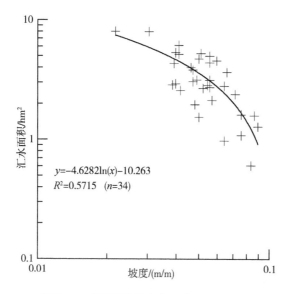

图 7-6　春季浅沟坡度和汇水面积的关系

下的产流量增多，相应汇集较小范围的径流就足以达到发生浅
沟侵蚀的临界动能，临界汇水面积则相应变小。坡度与汇水面
积的关系在黑土区与黄土高原区的一个明显区别就是不存在侵
蚀量随着坡度增大而增加到一定值后又减小的临界坡度，这是
由于黑土区坡面坡度一般较小，最大也只有 3°～6°，而根据
胡世雄等（1999）的研究，以沟蚀为主的临界坡度一般要超
过 30°。

　　浅沟的形态参数也与细沟不同，根据 2003 年秋季调查的
结果：它的宽度为 40～400 cm，平均 127 cm，标准偏差为 65；
深度变化为 6～50 cm，平均 17 cm，标准偏差为 5.8。浅沟形
态一般以宽浅为特征，并且浅沟的侵蚀深度一般都在犁耕层
内，由于这部分的土壤熟化程度及营养成分富集，所以，细沟

和浅沟侵蚀的发生对农业生产的影响极大。

根据作者对 2003 年秋季浅沟侵蚀形态的调查结果分析，浅沟的侵蚀体积和侵蚀长度间有良好的线形关系（图 7 - 7）。浅沟侵蚀体积与侵蚀长度的相关系数达 0.95，决定系数为 0.9098，这就意味着浅沟长度可以说明 90% 以上的浅沟侵蚀体积的变化，这对于浅沟侵蚀模型的发展具有重要意义。

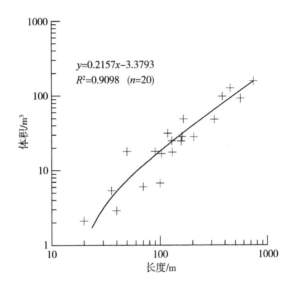

$y=0.2157x-3.3793$
$R^2=0.9098 \quad (n=20)$

图 7 - 7　秋季浅沟侵蚀体积和长度的关系

浅沟侵蚀作为一种线状股流侵蚀形式，需要满足一定的径流及其动能值条件（张科利等，1991），一般认为浅沟的发生与临界剪切力有关（Foster 等，1983；Rauws，1987），而剪切力又主要由水流流量和坡度决定（Rauws 等，1988）。在超渗产流为主的地形中，径流量与流域面积成比例增加（Leopold

等，1964)，由此可以将剪切力与流域面积和坡度等地貌因素相联系。根据我们野外观测，研究区浅沟的发生主要是由超渗产流导致，故可将浅沟侵蚀与地貌因子相联系。在此我们将这些地貌因子分解为流域高差、流域长度、流域面积、流域平均坡度、流域谷底坡度及流域平面曲率等，利用 SPSS 软件对这些地貌因子参数与浅沟长度进行多元逐步回归。

在逐步回归过程中，选择自变量逐步进入方程的方式，即每次选择符合进入条件的自变量进入方程，进入后立即检验，不合格者剔除，直到全部合格自变量进入方程。本研究中引入／删除自变量的默认 F 临界值 p 值采用系统默认值。最后建立的逐步回归方程中只有流域长度变量被保留，其余变量被淘汰，方程式为：

$$L_{EG} = 0.574 \times L_W - 17.253, \qquad (7-3)$$

式中，L_{EG} 为浅沟长度，m；L_W 为流域长度，m。两者相关系数达到 0.827，决定系数为 0.683。经 t 检验，L_W 的 p 值为 0，按照 $\alpha = 0.01$ 的水平，有显著性意义。

可见流域长度与浅沟长度具有良好的相关性，只要得到坡面流域长度，就可以计算得到浅沟长度进而获知其侵蚀体积。当然，也可直接分析浅沟侵蚀体积与流域长度间的关系，但两者之间的相关性不如浅沟体积与浅沟长度相关性好（张永光等，2006)。由此，可以通过临界模型预测得到的浅沟潜在发生位置，得到浅沟的发生确切位置，这无疑为我们构建浅沟侵蚀模型提供了一条思路。

7.3.3　沟道的形态及分布特征

沟道一般是由浅沟发育而来。在浅沟流路中，越往下游水流汇集的越多，径流剪切力随之变大，当大于沟道产生的临界剪切力或者在遇到土壤的抗蚀性减弱时，就会很快形成条状的水蚀穴。在此穴中湍急的水流迅速冲掏着边壁，掏蚀并带走底部沙层，使条状的水蚀穴迅速扩大为跌坎，并成为沟道沟头。湍急的水流迅速冲掏着沟顶的边壁，跌坎中的水流则成股流沿着陡壁向下流。冲刷作用进行的很快，悬在沟头的土块在重力作用下就会倒塌下来并被激流带走。沿陡壁下流的股流冲刷坡面使坡面变陡，由于重力作用及坡脚的剪切引起沟坡的坍塌及泥土的不断下滑，沟道向宽处扩展，如果水道弯曲，则两岸的淘刷作用就更大。沟头沟坡岸的这种过程不断重复，根据流水量和土壤冲刷的难易程度，沟头以各种不同的速率逐渐溯源侵蚀，沟道得以加长加宽。

与浅沟相比，沟道无论从各个沟道的平均参数变化还是单个沟道本身的变化都相对较大，如两个小流域的各沟道平均宽度为 0.78~8.25 m，平均为 2.05 m；各沟道平均深度变化为 0.15~1.27 m，平均为 0.49 m。

通过对比沟道体积与其各参数间的关系（图 7-8），可以发现，与浅沟的体积和其长度相关性甚好不同，沟道的体积主要由深度决定（图 7-8），而与长度的相关性甚弱，沟道体积与深度的相关系数达到了 0.83，而与长度的相关系数仅为 0.32。这意味着在漫川漫岗黑土区发展沟蚀模型时，对沟道和浅沟而言有不同的侧重点。

根据我们对鹤北流域分支沟的野外调查，沟道的分布与路的关系非常密切，特别是机耕路，约有 68% 的沟道分布与路有关，这与我们 2003 年调查的 73% 的结果基本一致。对于路，特别是机耕路而言，则基本上是有路则有沟。这在一定程度上可能反映了人们对沟蚀的不同态度：分布于农田中的沟

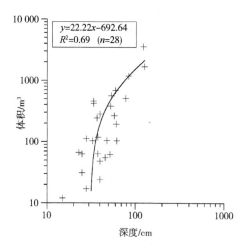

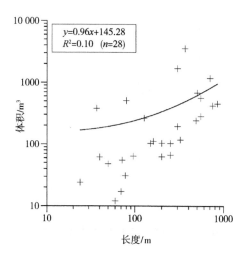

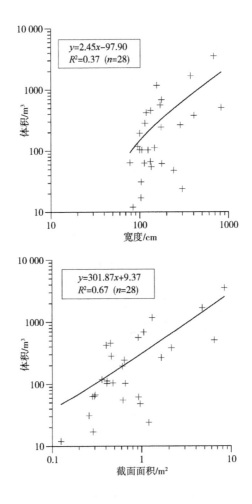

图 7-8 沟道体积与其各参数间的关系

道，由于它阻碍了农机具的通过，对正常的农耕活动影响较
大，所以一旦出现，人们就会加以填埋。由于这些填埋一般没

有水保措施，或者仅仅为了农机具的通过而用"大马力"顺沟道犁耕一遍（图7-9），这样虽然可以暂时保证农机具的通过，但松翻的土壤可能在雨季被大量冲走，产生更大的侵蚀。

图7-9　耕地中被犁过的沟道

沟道与路的关系，可以简单地总结为"路走沟生，沟生路走"。其中，"路走沟生"指的是由于拖拉机、牲畜等的践踏逐渐形成路，这同时也伴随着路边侵蚀沟的生成；"沟生路走"意指，随着路的生成，侵蚀沟的规模逐渐扩大，会使得路产生侧向移动。根据野外差分GPS采点所做的DEM和照片（图7-10）明显说明了这一点。尽管图中所指并非为同一地点，但也同样说明了问题。图7-10a是在路形成初期，在车辙中已经形成沟道的沟头，这是一个在路上形成沟道的例子；图7-10b是Sidui gully2（左边沟）在2002年4月时根据差分GPS所采样点生成DEM；图7-10c是Sidui gully3在2004年10月根据差分GPS所采样点生成DEM，从DEM表现的下游沟道可以明显看出，机耕路已经发生 5 次改道；图 7 – 10d 为 Sidui gully2 在 2004 年 10 月时根据差分 GPS 所采样点生成 DEM，经过两年多的发展，沟道尺度已经变大，并在下游迫使路初步改道。

a

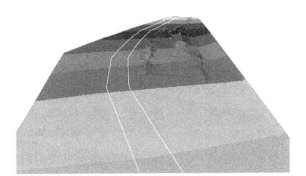

b

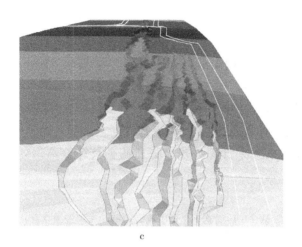

c

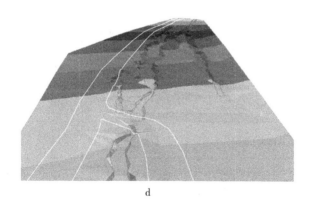

d

　　注：各图并非指的同一沟道，只有 b、d 同为沙坑 Sidui gully2 分别在 2002 年 4 月和 2004 年 10 月测得。b、c、d 中白线为机耕路。

图 7 – 10　沟道与路的关系示意

7.4 流域侵蚀现状

流域调查浅沟和沟道分布如图7－1所示。2号小流域共调查沟道13条，浅沟20条；8号小流域10条沟道，13条浅沟。其分布也符合上述总结之规律。野外调查时浅沟大多已经被耕作破坏，这里浅沟的体积是根据上面所述的秋季浅沟体积与长度的关系计算得出，野外调查及计算结果如表7－4所示。

表7－4　2号、8号小流域沟道和浅沟侵蚀状况

参数	沟道		浅沟	
	W2	W8	W2	W8
长度／(m／km²)	1839	788	930	562
体积／(m³／km²)	1441	1779	199	118
破坏面积占总面积比／%	1.17	0.61	0.19	0.11

注：计算侵蚀沟的影响面积时，除沟道本身的面积，另统一设定沟道的缓冲距离为5 m，浅沟的宽度统一为2 m。

对于沟道来讲，两个小流域的各个参数不尽相同。可以看到，如果从沟道的沟壑密度和沟道破坏面积占流域的比例来讲，都是2号小流域大于8号小流域，如2号小流域的沟道密度达到1839 m／km²，是8号小流域的2.3倍；破坏面积占流域比2号小流域达到了近1.2%，而8号小流域则仅有

0.61%。但若从单位面积的侵蚀体积来讲则是 8 号小流域大于 2 号小流域，每平方公里多出 338 m^3。对比 2 号、8 号小流域沟道的长度和体积可以推断，8 号小流域的沟道尽管不长，但相对宽深应该较大。两个小流域沟道形态的平均状况说明了这一点，2 号小流域沟道的平均宽深分别为 138 cm、46 cm，而 8 号小流域沟道的平均宽深则分别达到 289 cm、58 cm。如果从各个类型沟道的参数来看（图 7 - 11），则主要应该是两个小流域谷底沟的差异所造成。如 8 号小流域一条谷底沟的体积就达到 3528 m^3，占到 8 号小流域沟道侵蚀量的 86%。

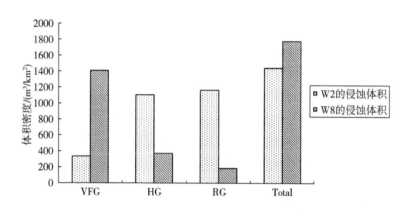

注：VFG、HG、RG 分别表示谷底沟、坡面沟及路边沟；Total 为 3 种类型累计。

图 7 - 11　两个小流域不同沟道类型侵蚀状况

对于浅沟来讲，则呈现一边倒的趋势，2 号小流域的各参数明显要比 8 号小流域的大，2 号小流域浅沟的沟壑密度达到了 930 m/km^2；与之相比，8 号小流域则仅有 562 m/km^2，为 2 号小流域浅沟密度的 60%。浅沟的侵蚀体积和破坏面积占流域比也表现出同样的特征。这主要与两个小流域的土地利用情况有关（表 7 – 5）。

表 7 – 5　两个小流域土地利用状况

	路/ （km/km²）	农用地/ （hm²/km²）	草地或灌木/ （hm²/km²）	林地/ （hm²/km²）
2 号小流域	1. 68	90. 44	0. 85	2. 55
8 号小流域	1. 37	82. 22	2. 46	9. 01

　　对于不同类型的沟道来讲，两个流域也同样表现出不同的特征。从图 7 – 11 可以看出从谷底沟、坡面沟及路边沟的侵蚀体积 2 号小流域是依次增大，而 8 号小流域则正好相反，表现为依次减小。8 号小流域的谷底沟沟头上方为草地，但它发育的空间形态巨大，平均宽深分别达到 559 cm 和 103 cm，是所有沟道中发育最宽和最深的。与之相比，尽管 2 号小流域的谷底沟发育在路边，但它的发育空间尺度还是非常有限的，平均宽深分别只有 152 cm 和 45 cm。造成这样的原因可能是：①2 号小流域出口处的塘坝使流域谷底的水力坡度减小。②流域坡度及比降，2 号小流域的平均坡度为 3.85°，而 8 号小流域的平均坡度为 4.15°；2 号小流域流域比降只有 0.028，而 8 号小流域则达到 0.038（表 7 – 1），流域比降决定水流的速度。③1993 年对流域的治理存在差异，或者说，对 2 号小流域进行了治理，而 8 号小流域则没有很好治理。对于坡面沟来讲，

通过对比两个小流域的土地利用就可以看出，8 号小流域的非农用地明显要比 2 号小流域多，如 8 号小流域单位面积的林地和草地或灌木等非农用地为 11.5 hm²/km²，而 2 号小流域则仅有 3.4 hm²/km²，不足 8 号小流域的 30%。林带对沟道及浅沟的形成及分布有明显的影响，在 8 号小流域谷底北坡面积近 20 hm² 的林带有效防止了侵蚀沟的形成（图 7-1），同时，林地之上到分水岭由于汇集面积、临界坡长较小及坡度变缓使径流能量达不到产生浅沟的临界剪切力，所以，在春季的野外调查中没有发现明显侵蚀沟的形成（图 7-1）。对于路边沟来讲，尽管两个小流域路的密度差不多（表 7-5），2 号为 1.68 km/km²，8 号为 1.37 km/km²，但 8 号小流域中总长 3.16 km 的路中有近 1.2 km 分布在林带中，而 2 号小流域的每条路都伴有路边沟的分布，并且在两个漫岗的岗肩都有路的分布，而这又非常利于路沟的形成（图 7-1）。所以，尽管一般有路就有侵蚀沟的形成，但这也要看路的分布。

尽管两个小流域的沟道和浅沟及各类沟道间存在不同的差异，但可以看到两个小流域的总体侵蚀状况相差不大，2 号、8 号小流域为侵蚀沟（沟道和浅沟之和）的侵蚀总量分别为 1640 m³/km² 和 1897 m³/km²，就浅沟侵蚀即其侵蚀模数分别为 199 m³/(km²·a) 和 118 m³/(km²·a)。如果黑土容重按 1.2 g/cm³ 计算，那么两个小流域的沟蚀量分别为 1968 t/km² 和 2277 t/km²，而浅沟侵蚀模数则分别达到 239 t/(km²·a) 和 142 t/(km²·a)。从沟壑密度来讲，2 号、8 号小流域分别为 2769 m/km² 和 1350 m/km²，若按水利部沟蚀强度分级标准（表 7-6），则两个小流域分别属于极强度和强度侵蚀。

表 7 - 6 土壤沟蚀强度分级标准

强度分级	微度	轻度	中度	强度	极强度	剧烈
沟壑密度/ (km/km²)	<0.2	0.2~0.4	0.4~0.8	0.8~1.6	1.6~3.2	>3.2
沟头前进/ (m/a)	<0.5	0.5~1	1~2	2~4	4~8	>8

7.5 结语

在小麦顺坡种植的直型坡面上，细沟分布的平均间隔为 5~7 m，深度一般为 2~20 cm，平均深度 8 cm；宽度变化为 20~500 cm，平均宽度 58 cm。小麦近乎等高种植的坡面上，细沟分布间隔为 90~100 m，深度为 1~30 cm，平均深度 9 cm；宽度为 15~260 cm，平均宽度 98 cm。细沟集中出现于 3°~4°的坡面上，而且其形成往往与车辙痕迹有关。

浅沟一般都分布于低洼水线上，浅沟形态以宽浅为特征，纵剖面呈搓板状。它的宽度为 40~400 cm，平均为 127 cm；深度变化为 6~50 cm，平均为 17 cm。浅沟的侵蚀深度一般都在犁耕层内，由于这部分的土壤熟化程度及营养成分富集，所以，细沟和浅沟侵蚀的发生对农业生产的影响极大。浅沟的汇水面积较大，76% 的浅沟汇水面积大于 2 hm²，平均为 3.4 hm²；浅沟沟头到分水岭的临界距离平均为 210 m，但由

— 178 —

于受人类活动影响，变化较大。浅沟的临界汇水面积与临界坡度呈对数函数关系，关系式为 $A = -4.628\,195\,97\ln(S) - 10.263\,373\,04$（$A$ 为临界面积，hm^2；S 为临界坡度，m/m）。对于坡度与汇水面积的关系，黑土区与黄土高原区的一个明显区别就是不存在侵蚀量随着坡度增大增加到一定值后又减小的临界坡度，这是由于黑土区坡面坡度一般较小，大者也就在 $3° \sim 6°$，而根据胡世雄等的研究，以沟蚀为主的临界坡度一般要超过 $30°$。浅沟的侵蚀体积和长度间有良好的线形关系，两者的相关系数高达 0.95，决定系数为 0.9098，意味着浅沟长度可以说明 90% 以上的浅沟侵蚀体积的变化，这对于浅沟侵蚀模型的发展具有重要意义。

　　沟道一部分是由浅沟发育而来，另一部分则与路的关系密切。通过对 2 号、8 号小流域的调查表明，各沟道宽度为 0.78 ~ 8.25 m，平均 2.05 m；各沟道深度变化为 0.15 ~ 1.27 m，平均 0.49 m。与浅沟的体积和其长度相关性甚好不同，沟道的体积主要由深度决定，而与长度的相关性甚弱，沟道体积与深度的相关系数达到了 0.83，而与长度的相关系数仅为 0.32。这意味着在漫川漫岗黑土区发展沟蚀模型时，对沟道和浅沟而言要有不同的侧重点。沟道的分布与路的关系密切，特别是机耕路，有68%~73% 的沟道与路相伴而生。路与沟的关系可简单概括为"路走沟生，沟生路走"。依据地貌部位的不同将侵蚀沟分为谷底沟、坡面沟和路边沟。

　　对比两个小流域的沟蚀状况，8 号小流域的谷底沟道沟蚀体积要明显比 2 号小流域多，造成这种情况的原因可能是：①2 号小流域出口处的塘坝使流域谷底的水力坡度减小；②流域坡度及比降，2 号小流域的平均坡度及流域比降都要小于 8 号小流域；③1993 年对流域的治理存在差异，或者说，对 2

号小流域进行了治理，而 8 号小流域则没有很好治理。8 号小流域谷底沟道巨大的侵蚀量也是使得 8 号小流域沟蚀总量比 2 号小流域相对较大的原因所在。其他无论沟道还是浅沟，无论坡面沟还是路边沟，沟壑密度还是破坏面积比都是 2 号小流域比 8 号小流域严重，这主要与 2 号小流域非农用地相对较少有关。2 号、8 号小流域为侵蚀沟（沟道和浅沟之和）的侵蚀总量分别为1640 m^3/km^2 和 1897 m^3/km^2，就浅沟侵蚀也即其侵蚀模数分别为 199 $m^3/(km^2 \cdot a)$ 和 118 $m^3/(km^2 \cdot a)$。如果黑土容重按 1.2 g/cm^3 计算，那么两个小流域的沟蚀量分别为1968 t/km^2 和 2277 t/km^2，而浅沟侵蚀模数则分别达到 239 $t/(km^2 \cdot a)$ 和 142 $t/(km^2 \cdot a)$。从沟壑密度来讲，2 号、8 号小流域分别为 2769 m/km^2 和 1350 m/km^2，若按水利部沟蚀强度分级标准，则两个小流域分别属于极强度和强度侵蚀。

参考文献

[1] Bull L J, Kirkby M J. Gully processes and modeling[J]. Progress in Physical Geography, 1997, 21(3):354 - 374.

[2] Desmet P J J, Poesen J, Govers G, et al. Importance of slope gradient and contributing area for optimal prediction of the initiation and trajectory of ephemeral gullies[J]. Journal of Neurbiology, 1999, 37(3):377 - 392.

[3] Govers G, Poesen J. Assessment of the interrill and rill contributions to total soil loss from an upland field plot[J]. Geomorphology, 1988, 1(4):343 - 354.

[4] Grissinger E H. Rill and gully erosio[M]//Agassi M. Soil Erosion, Conservation and Rehabilitation. New York: Marcel Dekker, 1996:153 - 167.

[5] Hurni H. Erosion, productivity and conservation systems in Ethiopia[C]. 4th International Conference on Soil Conservation. Maracay, Venezuela, 1985.

[6] Kalinicenko N P, Ilinski V V. Gully improvement and control by means of forestry measures[M]. Moscow: Lesnaya Promysh (in Russian), 1976.

[7] Leopold L B, Miller J P. Ephemeral streams, hydraulic factors and their relationship to the drainage net US Geol Surv[J]. Prof Paper, 1956, 282 - A:37.

[8] Osterkamp W R, Toy T J. Geomorphic considerations for erosion prediction[J]. Environmental Geology, 1997, 29(3 - 4): 152 - 157.

[9] Poesen J, Nachtergaele J, Verstraeten G, et al. Gully erosion and environmental change:importance and research needs[J]. Catena,2003,50(2 - 4):91 - 133.

[10] Poesen J,Vandaele K,Van Wesemael B. Contribution of gully erosion to sediment production in cultivated lands and range-lands[J]. IAHS Publications,1996,236:251 - 266.

[11] Quine T A,Govers G,Walling D E,et al. A comparison of the roles of tillage and water erosion in landform development and sediment export on agricultural land near Leuven,Belgium [J]. Proceedings pages:77 - 86,1994:77 - 86 498.

[12] Sivamohan M V K,C A Scott,Walter M F. Vetiver grass for soil and water conservation:prospects and problems[M]//Pi-mentel D. World Soil Erosion and Conservation. Cambridge: Cambridge University Press,1993:293 - 309.

[13] Zachar D. Soil Erosion [M]. Elsevier Scientific publishing Company,1982.

[14] 陈永宗. 黄河中游黄土丘陵区的沟谷类型[J]. 地理科学,1984,4(4):321 - 327.

[15] 胡世雄,靳长兴. 坡面土壤侵蚀临界坡度问题的理论与实验研究[J]. 地理学报,1999,54(4):347 - 356.

[16] 沈玉昌,龚国元. 河流地貌学概论[M]. 北京:科学出版社,1986.

[17] 张科利. 陕北黄土丘陵沟壑区坡耕地浅沟侵蚀及其防治途径[D]. 杨凌:中国科学院西北水土保持研究所,1988.

第8章 沟蚀发生的地貌临界

沟蚀研究是土壤侵蚀研究的主要内容之一，地貌临界理论作为地貌学中的重要理论在沟蚀研究中得到了广泛的应用。沟道的产生是由作用在沟头上的动力过程所控制，这些过程包括表面漫流、地下水导致的渗流和潜蚀及块体塌陷或崩塌（Dietrich 等，1993），而地形地貌特征又会影响到表面径流、地下水运动、土壤水饱和区域的发生、土壤水含量分布及土壤水流动等（Prosser，1996；Moore 等，1988；Moore 等，1986；O'Loughlin，1986；Zaslavsky 等，1981；Beven 等，1979），因此，我们可以通过对地貌特征的了解来认识沟道系统，甚至于用地形特征参数来指示沟道的形成（Thorne 等，1986）。

8.1 沟蚀发生地貌临界的由来

对于地貌在侵蚀中的作用，Horton（1945）首次将地貌的潜在重要性加以量化，提出了产生沟道的临界坡长的概念，所谓临界坡长就是坡面上超渗产流产生的剪切力刚好大于地表抗冲刷能力的坡面长度，流域系统的这一地貌特征可以看作地表抵抗线状水流侵蚀的一种度量。在这一概念的基础上，Schumm 于 1956 年提出了"沟道维持常数"（constant of channel maintenance）的概念，也就是指能够使沟道得以发展的最小面积，相当于临界面积的概念。除去地貌因素的影响，物质强度、土壤的水文特性及植被覆盖等同样对侵蚀过程存在影响（Prosser，1996）。

对于沟道，Schumm 等早在 1957 年（Schumm 等，1957）就已经指出流域地貌特征对于不连续沟道发展的重要作用。他们的研究发现，不连续沟道通常形成于谷底最陡的部分（Patton 等，1975）。众所周知沉积物的分离和转移是水流强度的函数（Foster 等，1983；Thorne 等，1986），只有存在沉积物的分离才有可能产生沟道，但沟道的形成不仅仅是表面物质的分离，它还有一定的尺度大小限制，因此，沟道的形成位置和大小受控于有足够量级和/或持续时间的线状表面径流（Vandaele，1995）。一般认为细沟和沟道侵蚀与临界剪切力有关（Foster，1982；Rauws，1987；Govers，1990），而剪切力又主要由水流流量和坡度决定（Rauws 等，1988；Torri 等，1987）。在超渗产流为主导的地形中，一般认为径流量与流域面积是成比例增加（Leopold 等，1964，Strahler，1964），由此可以将剪切力与地貌因素相联系。

在用沟道沟头坡度（S）和沟头上方径流汇水面积（A）来建立产生沟道地貌临界关系的学者中，Brice（1966）和 Patton（1973）是较早的学者之一。Brice（1966）收集了美国内布拉斯加州的 S 和 A 数据，Patton（1973）则收集了美国科罗拉多州西北部这方面的数据。通过对这些数据的分析，Patton 和 Schumm 1975 年研究发现 S 和 A 之间存在反向趋势并提出用分散数据的下限作为临界 $S-A$ 关系来确定不稳定谷底。之后 Begin 和 Schumm（1979）又在这方面作了努力，通过对 Patton（1975）和 Brice（1966）使用方法的改进，利用水流的水力半径（R）和流量（Q）及流量（Q）与流域面积的经验关系（Leopold 等，1964；Dunne 等，1978）替代了原先公式中的水力半径（R），建立了基于坡面漫流的临界剪切力的 S、A 临界关系，把流域面积和坡度作用融合为一个剪切力指标，用以表示谷底的不稳定性，得出：

$$\Gamma_{cr} = (c\gamma)A^{rf}S,\qquad\qquad(8-1)$$

式中，Γ_{cr} 为临界剪切力，Pa；c 为常数；γ 为水密度，kg/m^3；A 为汇水面积，hm^2；rf 为指数；S 坡度，m/m。

如果坡度 S 为纵坐标，流域面积 A 为横坐标，那么在双对数坐标系中临界剪切力指标 Γ_{cr} 为一直线，直线斜率等于 $-rf$，用 $a = c\gamma$ 及 $b = rf$ 简化，用幂指数形式表示为：

$$S = aA^{-b};\qquad\qquad(8-2)$$

将其变形得：

$$SA^{b} = a,\qquad\qquad(8-3)$$

式中，S 为局地坡面坡度，m/m；A 为上坡汇水面积，hm^2；b 为无量纲量；a 为临界值，表示相对面积指数（Vandaele 等，1996）或相对剪切力指标（Begin 等，1979）。根据临界理论，只有当 $SA^{b} > a$ 时才有可能出现沟道，上式即为沟（沟道）蚀研究广泛使用的临界公式。

饱和产流也经常可以导致沟道的形成（Daba，2003），Montgomery 和 Dietrich（1994）研究认为 S、A 临界关系也可以用以界定饱和表面漫流的空间范围，而这反过来又可以用于预测产生沟道的空间位置。Moore 等（1988）用混合变量 $\ln(A_s)$ 来预测沟蚀（浅沟）的位置，这里 $A_s = A_b/S$，$A_b = A/b$，其中 S 为局地坡度，m/m；A 为上坡汇水面积，m^2；b 为等高线段的长度，这里使用 A_b 是为了消除由于栅格模型的分辨率大小产生的影响（Moore 等，1988），但实际上这并没有从根本上改变模型本身（Desmet 等，1999）。通过对澳大利亚的研究发现，沟蚀（浅沟）主要受限于以下条件（Moore 等，1988）：

$$\ln(A_s/S) > 6.8 \text{ 和 } A_s S > 18, \qquad (8-4)$$

式中，S 为坡度，m/m；A_s 为单位汇水面积，m^2/m。这里，$\ln(A_s/S)$ 假定为土壤饱和度的量值（O'Loughlin，1986），也有学者将其称之为地形湿润指数（Moore 等，1988），地形湿润指数用于预测潜在沟道区域的基本原理是，饱和地域会导致高孔隙压力，而高孔隙压力又会产生渗流，这反过来又会引起沟蚀的发生、发展并最终形成沟道（Daba 等，2003）。$A_s S$ 作为混合地形参数，用于表明线状表面漫流的侵蚀能力或径流下切的能力（Moore 等，1988）。

除此之外，陡坡上薄层崩塌同样可以形成沟道。Montgomery 等（1994）通过对美国西部 3 个流域的调查，提供了陡坡上薄层崩塌、渗流及缓坡上饱和表面漫流产生沟道的数据。这些数据的积累扩展了由不同过程导致沟道形成的 S-A 数据关系，并支持分析过程模型（Montgomery 等，1994）。不同主导沟道产生的过程及其相互关系如图 8-1 所示。

基于这种关系，用地貌上坡汇水面积和坡度已被广泛用于预测沟道侵蚀起始位置和土壤流失量的模型（Patton 等，1975；Begin 等，1979；Foster，1986；Montgomery，1994；Rutherfurd 等，1997；Moore 等，1988；Vandaele 等，1996；Vandekerckhove 等，1998；Vandekerckhove 等，2000）。

与国外临界理论在沟蚀中的研究相比，国内在这方面研究较少，主要侧重于土壤侵蚀的临界坡度和临界坡长的研究，也就是说将水流动能分解为坡度和坡长来分析，而且相对较少的研究多侧重于坡面和细沟侵蚀研究。这里需要说明的是，在坡

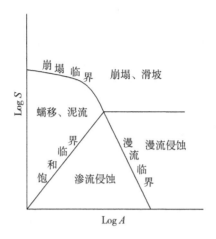

注：A 为汇水面积，S 为沟头处地表局地坡度。

资料来源：Montgomery 和 Dietrich，1994。

图 8 – 1　根据不同沟道起始机制对地形的划分

面侵蚀研究中所指的临界坡度并非产生侵蚀的最小坡度，而是指随着坡度增加侵蚀量不断增加，达到某一坡度值后，侵蚀量不再增加，并有减少的趋势，侵蚀量达到最大时的坡度称为临界坡度（胡世雄等，1999；靳长兴，1996）。

郑粉莉（1989）研究了细沟侵蚀的临界坡长和坡度，发现临界坡长和坡度呈二次抛物线关系：

$$L_R = aJ^2 + bJ + c，\qquad (8-5)$$

式中，L_R 为临界坡长，m；J 为坡度，度；a、b、c 为待定系数。张科利等（1991）对黄土坡面浅沟侵蚀特征值做了深入研究，结果表明发生浅沟侵蚀的临界坡度约为 18°，临界坡长为 40 m 左右，临界汇水面积约为 650 m^2，并从一系列的分析

得出，26°左右的坡面最有利于浅沟侵蚀的发生。陆中臣
（1991）等对宁夏高原东部山区发育连续冲沟的河谷进行研究
后发现，河谷比降与用流域面积计算出来的多年平均径流量存
在反比相关关系，并且不稳定河谷比降的下限与稳定河谷比降
的上限是一致的。

8.2　参数确定及讨论

对于地貌临界参数的确定有两种方法：一是通过数据点下
限做出的直线所对应的参数；二是通过对数据的回归得出的参
数。这两套参数用于不同的研究目的，第一种主要进行沟蚀的
预测，第二种主要用于对沟蚀过程的分析。本书分别采用两种
方法进行分析，在进行分析前首先要有沟蚀的上坡汇水面积和
坡度。

对于沟道、浅沟坡度和汇水面积的测量及量算有不同的标
准，而且一旦沟道或浅沟形成就会发生溯源侵蚀，溯源侵蚀不
仅会影响到汇水面积而且还会改变坡面坡度，因此，在当前沟
头处测量的坡度及汇水面积并不能代表沟道形成之初的情况。
一般而言，在临界坡度下坡面侵蚀量最大，片蚀也最容易过渡
到细沟侵蚀，进而发展到沟蚀（靳长兴，1996）。许多学者的
研究表明（胡世雄等，1999；靳长兴，1995、1996；罗斌等，
1999；李全胜等，1995；赵晓光等，1999），无论何种侵蚀方
式为主，临界坡度一般都要大于 20°。本研究区的坡面坡度一
般都在 10°以下，通常为 3°~5°，小于临界坡度，因此，我们
可以认为坡面坡度最大（即最陡）处代表了沟道或浅沟形成
初期的位置，以此量算临界坡度和上坡的汇水面积。Desmet
（1999）的研究也认为沟道的发生更多是由坡度所控制，而凹

谷则更多地控制着沟道的轨迹。本研究中沟道的坡度用坡度仪实地测量，浅沟的坡度为 1∶10 000 比例尺地形图量算得到；上坡汇水面积则都为 1∶10 000 比例尺地形图量算得到。

将浅沟和沟道的上坡汇水面积与临界坡度点绘于双对数坐标中，如图 8 - 2 所示。可以看到本研究区无论沟道还是浅沟的 S 和 A 都呈明显的负相关，可以用幂函数来表示，分别对它们进行幂函数统计回归分析得到表 8 - 1。

表 8 - 1　回归临界 $S = aA^{-b}$ 参数

	a	$-b$	R	P	N
沟道	0.1224	-0.3326	-0.8179	0.001	22
浅沟	0.0756	-0.3883	-0.7876	0.001	31

注：S 单位为 m/m；A 单位为 hm²；R 为相关系数，P 为置信水平。

尽管样本有限，特别是沟道的样本只有 22 个，但 $S\text{-}A$ 的趋势非常明显。可以看到，无论沟道还是浅沟的 $S\text{-}A$ 的相关性都较高，沟道的 $S\text{-}A$ 相关系数达到了 -0.817 9，浅沟则达到了 -0.7876。通过对浅沟和沟道数据的统计分析得出 a、b 值（表 8 - 1）。可以看到临界值 a 变化较大，从沟道的 0.1224 到浅沟的 0.0756，沟道 a 值是浅沟的 1.6 倍多。与之相比，b 值变化相对较小，从沟道的 0.3326 到浅沟的 0.3883。

Begin 和 Schumm（1979）通过理论分析得到的 b 值在 0.2 ~ 0.4，Vandaele 等（1996）通过对来自于不同地区的 10 组 S、A 数据分析表明，尽管这些研究地区的地形、土地利用、植被覆盖、气候条件等有很大的差异，但分析得到了近乎

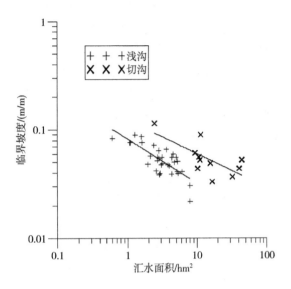

图 8 -2 东北黑土区浅沟和沟道地貌临界（$S = aA^{-b}$）关系

一致的 b 值，都变化于 0.4 附近。Desmet（1999）等通过对临界模型本身相对面积参数（b）的研究发现，最佳的相对面积指数变化为 0.7 ~ 1.5，在此区间范围内，预测结果变化不大。此外，Fontana（2003），Moeyersons（2003），Morgan（2003）等都分析得到了不同的 b 值。

b 值在理论上则代表着汇水面积的相对重要性，它要受到诸如气候、土壤、主导径流过程、降水特性、植被等土地利用状况的影响。在坡度一定的前提下，一般从湿润气候到干旱气候，产生同样径流能量需要的汇水面积逐渐变大；地下径流过程的加入使得产生等同径流能量的汇水面积变小，如果是以块体运动和崩塌等为主，b 值甚至可以变为负值，即意味着 S-A

呈正相关关系；低频高强降水使更小的汇水面积就可以产生同样的径流能量；良好的植被一方面可以缓冲降水对地表的冲击，另一方面还可以增加土壤抗蚀性及降水入渗，从而减少地表径流，因此，产生同样的径流能量就要更大的汇水面积。一般而言，不同的地区，都会有不同的沟道起始临界值和 b 值，纵观 b 值的确定，一般认为正值是与表面漫流产生的侵蚀有关，而负值则与渗蚀（seepage erosion）和发育崩塌（Vandekerckhove 等，2000）的地下过程等有关（Montgomery 等，1994）。

由于浅沟和沟道的调查就在鹤山农场周围几公里范围内，空间范围非常有限，可以认为它们的降水、土壤、土地利用、植被等本底值是相同的。因此，浅沟和沟道的 S-A 关系的差异可能主要来自于主导径流过程。根据上一章对浅沟深度的分析，浅沟的发生一般都在犁耕层，应该不会受到地下径流过程的影响。在研究区域，尽管我们没有直接看到地下径流过程，但存在诸如母质沙层、透水性很弱的心土层和被压实犁底层等这些有利于地下径流过程发生的土壤结构及性质，这些都有可能导致地下径流过程的发生。如前文所述，渗蚀（seepage erosion）和崩塌发育等地下过程会使 b 值为负（Montgomery 等，1994）。因此，地下径流过程的参与可能是最终导致沟道的 S-A 回归趋势线斜率减小的原因，即沟道的 b 值较之浅沟为小（表 8 - 1）。

a 值代表着沟蚀发生所需的临界值。从图 8 - 2 可以看到，在坡度一定的情况下，沟道开始下切形成时所需的临界面积要比浅沟大。浅沟的发育规模形态要比沟道小，而侵蚀体积大小是与剪切力有关的（Foster，1982；Govers，1991）；另一方面，剪切力主要由流量和坡度决定（Rauws 等，1988；Torri

等，1987），在以表面漫流为主的流域中，流量可以用汇水面积来代替，也就是说剪切力主要由汇水面积和坡度决定。因此，在假定其他因素相同的情况下，小侵蚀形态只需较小的汇水面积就可以形成，而发育沟道则需要相对更大的汇水面积。

本研究区及其他环境中 S-A 关系对比如图 8-3 所示。

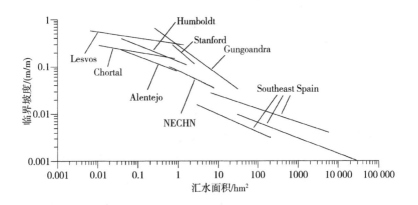

注：S 为临界坡度，A 为上坡汇水面积。

资料来源：Chortal，Alentejo，Lesnos 引自 Vandekerckhove 等（2000）；Gungoandra 引自 Prosser 等（1996）；Southeast Spain 引自 Harvey（1987）；Humboldt 和 Stanford 引自 Montgomery 等（1994）；NECHN 为本书东北黑土区的数据。

图 8-3　不同环境中沟蚀地貌临界 S-A 关系对比

以上是对沟蚀过程的讨论。当涉及沟蚀的预测时，一般用 S-A 的下限点来分析，通过下限点作一直线，发生沟蚀的区域集中在直线之上，而无沟蚀现象发生的区域则集中在直线之下。这样，只要给出一定大小的流域，就可确定一个临界的沟蚀发生坡度，坡面比降在该值之下，则坡面是稳定的，反之，则有可能发生沟蚀。我们分别将浅沟和沟道的下限点带入公式，求得 a、b 值（表 8 - 2）。

表 8 - 2　通过沟蚀下限点求得的 a、b 值

沟蚀类型	a	b
沟道	0. 1161	0. 4457
浅沟	0. 0631	0. 4643

由此分别得到沟道和浅沟发生的地貌临界公式：

$$S = 0. 1161A^{-0.4457}, \qquad (8 - 6)$$
$$S = 0. 0631A^{-0.4643}, \qquad (8 - 7)$$

式中，S 表示沟蚀发生的坡度，m / m；A 表示沟蚀发生的临界面积，hm^2。从图 8 - 2 可以看到沟道的发生都在浅沟下限点之上，也就是说发生沟道的区域一定发生浅沟，但反过来并不成立。

8.3　地貌临界应用及与其他地貌指标的对比

8.3.1　地貌临界应用

首先将 1 : 10 000 比例尺地形图数字化，利用 Arc / info 8.3 的 3D 模块将等高线生成 TIN 格式 DEM，然后将其转为分辨率为 5 m × 5 m 的栅格 DEM。对 DEM 经过填洼处理后，利用水文分析模块从经过处理后的 DEM 中提取坡度（S_{ac}）和汇

水面积（A），之后分别用浅沟和沟道发生的临界公式计算 S_{cr}，并将两图层 S_{ac} 和 S_{cr} 进行叠加分析：

若 $S_{ac} - S_{cr} \geq 0$，则表示该栅格浅沟或沟道可能发生；

若 $S_{ac} - S_{cr} < 0$，则表示该栅格浅沟或沟道不会发生。

预测结果如图 8-4 所示（见书末彩插图 8-4）。

从对 2 号小流域沟蚀的预测来看，实测沟道和浅沟发生区域基本都位于预测区域内，其偏差应该是由于手持 GPS 测点的误差导致。预测发生沟蚀的区域仅仅表示可能发生的区域，但并非一定发生，因为沟蚀的发生除受地貌因素的控制外，还受到地表植被、土地利用等的影响。根据我们的野外观察，沟蚀发生与否很大程度上受到诸如垄埂、道路等线形地物的影响，像垄埂等这些线形地物不仅会影响实际的有效坡度，而且还会通过改变地貌控制的流路而影响实际汇水面积的大小。尽管如此，由于沟蚀地貌临界模型需要的参数较少，而且便于从地形图、航片等资料得到，从而给该模型的应用提供了广阔的前景。

8.3.2　与其他地貌指标的对比

如前所述，Moore 等（1988）的研究发现，浅沟主要受限于以下条件（Moore 等，1988；Desmet 等，1999）：$\ln(A_s/S)$ >6.8 和 $A_s S > 18$，式中，S 为坡度，m/m；A_s 为单位汇水面积（specific or unit contributing area），m^2/m。其中 $n(A_s/S) >$ 6.8 主要用于对土壤饱和度的度量（O'Loughlin，1986）。根据我们的野外观察，本研究区的沟蚀主要应该是由表面漫流所导致，因此，$\ln(A_s/S) > 6.8$ 不适合该研究区。下面仅对 $A_s S$ >18 予以讨论。为计算 A_s，在此我们按 Desmet（1999）的方

法将 A 转化为 A_s ，即：

$$A \approx \frac{6A_s}{10\ 000},\qquad (8-8)$$

式中，A 为汇水面积，hm^2 ；A_s 为单位汇水面积，m^2/m 。

将 $A_s S = 18$ 与野外测点作图（图 8-5），可以看到 Moore 的标准并不能准确地预测该研究区浅沟起始位置，这主要表现在两方面：①Moore 的临界值 18 在该研究区明显偏小，根据对本研究区沟蚀 $A_s S$ 值的计算，其值分布于 84~411；②$A_s S$ 赋予 A_s 和 S 相同的权重，这样就势必过分强调它们中的某一方面。

该研究区临界值 a 要比 Moore 的大，可能主要是该区年降水要比 Moore 研究区小的缘故，Moore 研究区年均降水达

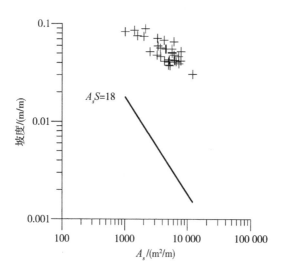

图 8-5 Moore 沟蚀预测指标 $A_s S = 18$ （Moore 等，1988）
图像与东北浅沟数据指标对比

675 mm，而本研究区多年（1972—2003 年）平均降水在 534 mm。为了校正 Moore 预测公式中 A_sS 等权重带来的误差，通过我们前面的回归计算和根据下限点的计算，可以将等权重的 A_sS 调整为 A_s^bS，这里 b 值为地貌临界 $SA^b = a$ 中的 b 值。

分别采用根据浅沟、沟道下限点及回归得到的 b 值，选择不同的临界值对浅沟发生区域进行拟合，得到图 8 - 6。当 b 从 0.3326 依次增大到 0.3883、0.4457 和 0.4643 时，临界阈值都同样变化 0.4，从下限预测线到上限预测线，其间所包含

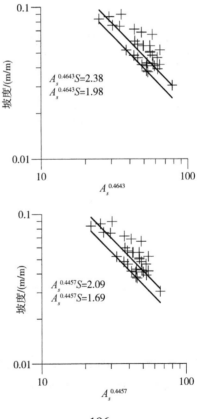

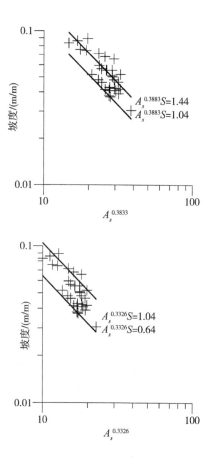

图 8 - 6　对于 $A_s^b S$ 在参数 b 不同时对浅沟发生的拟合程度

的发生的浅沟数分别依次为 27、19、14 和 10。也即从发生沟蚀的下限点据向上，若临界阈值变化相同的值，当 b 值越大时，有越少的沟蚀发生区域落到预测区之外，反之亦然。这说明，b 值越大，预测沟蚀区域对临界值 a 的反应越不敏感，根

据 $A_s^b S$ 对沟蚀区域的预测也证实了这一点。

8.4 结语

无论沟道还是浅沟的上坡汇水面积和临界坡度呈相关性较高的负幂函数关系。在坡度一定时，沟道开始下切所需的临界面积要比浅沟大；同样，汇水条件一定时，发育沟道需要比浅沟更大的坡度。这与发育沟道需要更大的径流剪切力是一致的。可能地下径流过程的参与影响了沟道 S-A 幂指数负相关关系，使其相关性削弱及回归曲线的斜率比浅沟小。通过野外测量及室内分析得出沟蚀发生的地貌临界公式，沟道发生的地貌临界公式为：$S = 0.1161A^{-0.4457}$，浅沟公式为：$S = 0.0631A^{-0.4643}$，式中，S 表示沟蚀发生的坡度，m／m；A 表示沟蚀发生的临界面积，hm^2。Moore 的沟蚀预测公式 $A_s S > 18$ 在该研究区并不适用。为了校正 Moore 预测公式中 $A_s S$ 等权重带来的误差，将等权重的 $A_s S$ 调整为 $A_s^b S$，这里 b 值为地貌临界 $SA^b = a$ 中的 b 值，主要由不同主导沟蚀过程控制，而且分析表明 b 值越大，预测沟蚀区域对临界值的反应越不敏感，根据 $A_s^b S$ 对沟蚀区域的预测也证实了这一点。通过将地貌临界预测的沟蚀敏感区与野外实际观测到的沟蚀分布区域对比，发现沟蚀地貌临界模型较好地预测了浅沟和沟道的发生区域，从而为当地的水土保持规划与治理提供了初步的科学理论依据。当然，沟蚀的发生不仅仅受到地貌因素的影响，预测区只是可能发生区域而并非一定发生区域。

从模型的推导可以看出，模型在一定的气候和土地利用前提条件下（Patton 等，1975），只是考虑了地形因素的影响。如果人类活动影响，特别是一些线性地貌特征如田间道、地埂、垄沟等对沟道的形成影响较大的话（Desmet 等，1999），那么只考虑地形因素的临界模型显然已经力不从心。这主要是由于这些线状地物特征会对径流模式、有效坡度、汇水面积及侵蚀模式等产生重要影响（Takken 等，2001）。如 Prosser（1999）研究发现，侵蚀灾害分布作为上坡汇水面积和局地坡度的函数，林带的存在改变了原有这种侵蚀灾害的分布，并且由于随着上坡汇水面积的增加侵蚀灾害程度呈非线性增长，林带的存在使沟道侵蚀的可能范围增加了（1.5±1.7）倍，沉积物的传输能力增强了 1.5 倍。通过对西班牙和葡萄牙所收集浅沟数据的分析，Vandekerckhove（1998）发现，如果按浅沟与犁耕的方向做进一步的细分，S、A 间的相关性会大大提高，如发育在凹谷中的浅沟 S、A 关系的显著性从 7.5×10^{-5} 提高到 1.85×10^{-6}。由此可见，在人类活动影响较大的地区仅仅用地形因子已很难达到更好的预测效果，而这些不能预测的沟蚀部分又主要是由线性地貌特征（80%）特别是地埂引起（Desmet 等，1999），因此，要达到更好的预测效果就必须在模型中引入线性地貌特征，然后考虑这些线性地貌特征是否对水流起到引导作用。在这方面，Takken 等在 2001 年做了一系列工作对其进行了有益的尝试。

　　沟蚀研究，特别是相对于径流小区发育在较大空间尺度上的沟道，以前限于人们的认识不足及技术方面的限制，研究甚少，并且较少的研究也主要集中在国外。随着人们对土壤侵蚀在空间尺度上的认识加深及现代技术特别是 3S（RS、GIS 和 GPS）技术的出现与发展，大大推进了沟蚀研究的深入。沟蚀模型研究有从经验模型向机理模型转变的趋势，但现有的机理模型都较为复杂，而且要求较多的输入参数，这些都大大限制了这些模型的应用。作为地貌学的主要理论之一，地貌临界理论已经在沟蚀研究中得到了广泛的应用。沟道的存在表明水流方式的转变,同时伴随着土壤侵蚀方式及传输过程的改变,因此,用地貌指标表示的沟道侵蚀参数是潜在侵蚀强度地貌控制的有力指示。但我们应该看到地貌临界理论虽然具有较广的应用性,但其参数的选择因地而异,正如 Hudson(1995)所言:"没有任何一个模型是通用的,即使是物理过程模型也具有区域性。"同时,由于临界理论仅仅考虑了地貌本身的因子,没有涉及其他诸如降水、植被覆盖、土地利用及耕作方向等因子,这使其应用受到了一定的限制。因此在具体应用此模型时,不仅要考虑各地不同实际情况对模型参数选择的影响,而且要考虑其他因子特别是一些线性地物特征对模型的影响,以便准确地预测预报沟道的发生位置和发展轨迹,为水土保持规划与治理提供科学依据。

参考文献

[1] Begin Z B,Schumm S A. Instability of alluvial valley floors:a method for its assessment [J]. Transactions of the ASEA, 1979,22(2):347 -350.

[2] Beven K J,Kirkby M J. A physically based,variable contributing area model of basin hydrology ╱ Un modèle à base physique de zone d'appel variable de l'hydrologie du bassin versant[J]. Hydrological Sciences Bulletin,1979,24(1):43 - 69.

[3] Brice J B. Erosion and deposition in the loess-mantled great plains,medicine creek drainage basin, nebraska[M]∥Office, government printing. Washington DC:United States Geological Survey Professional,1966.

[4] Daba S, Rieger W, Strauss P. Assessment of gully erosion in eastern Ethiopia using photogrammetric techniques[J]. Catena,2003,50(s2 -4):273 -291.

[5] Desmet P J J,Poesen J,Govers G, et al. Importance of slope gradient and contributing area for optimal prediction of the initiation and trajectory of ephemeral gullies[J]. Catena,1999, 37(3 -4):377 -392.

[6] Beven Keith J,Kirkby M J. Channel network hydrology[M]. New York:John Wiley & Sons,1993.

[7] Foster G, Lane L. Erosion by concentrated flow in farm

fields[M]//Proceedings of the D. B. Simons Symposium on E-rosion and Sedimentation. Colorado State University, Fort Collins, 1983:965 -982.

[8] Foster G R. Edited by Modeling the erosion process [M]// Haan C T, H P Johnson, Brakensiek D L. Hydrologic modeling of small watersheds. St Joseph: Am Soc Aric Eng, 1982:297 - 370.

[9] Foster G R. Understanding ephemeral gully erosion in National Research Council [M]//COC Needsoppo. Soil conservation: Assessing the National Research Inventory. Washington DC: National Academy Press, 1986.

[10] Dalla Fontana Giancarlo, Lorenzo Marchi. Slope-area relationships and sediment dynamics in two alpine streams [J]. Hydrological Processes, 2003, 17(1):73 -87.

[11] Govers G. Empirical relationships for the transport capacity of overland flow: transport and deposition process[J]. Iahs Publication, 1990, 189:45 -63.

[12] Govers Gerard. Rill erosion on arable land in Central Belgium: rates, controls and predictability[J]. Catena, 1991, 18 (2):133 -155.

[13] Harvey A M. Patterns of Quaternary aggradational and dissectional landform development in the Almeria region, South-East Spain: a dry-region, tectonically active landscape [J]. Die Erde, 1987, 118:193 -215.

[14] Horton Robert E. Erosional development of streams and their drainage basins, hydrophysical approach to quantitative morphology[J]. Journal of the Japanese Forestry Society, 1945, 56(3):275 – 370.

[15] Hudson N. Soil conservation[M]. Ames: Iowa State University Press, 1995.

[16] Leopold L B, Wolman M G, Miller T P. Fluvial processes in geomorphology[M]. San Fransico: Dover Publications, 1964.

[17] Moeyersons J. The topographic thresholds of hillslope incisions in southwestern Rwanda[J]. Catena, 2003, 50(2 – 4):381 – 400.

[18] Montgomery D R, Dietrich W E. Landscape dissection and drainage area-slope thresholds [M]//Kirkby, M J. Process Models and Theoretical Geomorphology. Chichester, UK: Wiley, 1994:221 – 246.

[19] Moore Ian D, Grayson Rodger B. Terrain-based catchment partitioning and runoff prediction using vector elevation data [J]. Water Resources Research, 1991, 27(27):1177 – 1191.

[20] Moore I D, Burch G J. Physical Basis of the Length Slope Factor in the Universal Soil Loss Equation[J]. Soil Science Society of America Journal, 1986, 50(5):1294 – 1298.

[21] Moore I D, Burch G J, Mackenzie D H. Topographic effects on the distribution of surface soil water and the location of

ephemeral gullies[J]. Transactions of the American Society of Agricultural Engineers,1988,31(4):1098 – 1107.

[22] Morgan R P C,Mngomezulu D. Threshold conditions for initiation of valley-side gullies in the Middle Veld of Swaziland [J]. Catena,2003,50(2 – 4):401 – 414.

[23] O'Loughlin,E M. Partition of surface saturation zones in natural catchments by topographic analysis [J]. Water Resources Research,1986,22(5):794 – 804.

[24] Patton Peter C,Schumm Stanley A. Gully erosion,northwestern Colorado:a threshold phenomenon[J]. Geology,1975,3 (2):88 – 90.

[25] Patton P C. Gully erosion in the semi-arid West [D]. Fort Collins:Colorado State University,1973.

[26] Prosser I P,Abernethy B. Increased erosion hazard resulting from log-row construction during conversion to plantation forest[J]. Forest Ecology and Management,1999,123(2 – 3): 145 – 155.

[27] Prosser I P. Predicting the topographic limits to a gully network using a digital terrain model and process thresholds[J]. Water Resources Research,1996,32(7):2289 – 2298.

[28] Rauws G. The initiation of rills on plane beds of non-cohesive sediments[J]. Catena Supplement,1987,8:107 – 118.

[29] Rauws G,Covers G. Hydraulic and soil mechanical aspects of rill generation on agricultural soils [J]. European Journal of

Soil Science,1988,39(1):111 - 124.

[30] Rutherfurd I D, Prosser I P, Davis J. Simple approaches to predicting rates and extent of gully development [C]. Proceedings of the Conference on Management of Landscapes Disturbed by Channel Incision, University of Mississippi, Oxford,1997.

[31] Schumm S A,Hadley R F. Arroyos and the semiarid cycle of erosion[J]. American Journal of Science, 1957, 255: 161 - 174.

[32] Schumm S A. Evolution of drainage systems and slopes in badlands at Perth-Amboy[J]. New Jersey Bulletin Geological Society America,1956,67:597 - 646.

[33] Takken I,Govers G,Jetten V,et al. Effects of tillage on runoff and erosion patterns[J]. Soil & Tillage Research, 2001, 61 (1):55 - 60.

[34] Takken I,Govers G,An S,et al. The prediction of runoff flow directions on tilled fields[J]. Journal of Hydrology,2001,248 (s1 -4):1 - 13.

[35] Takken I, Jetten V , Govers G, et al. The effect of tillage-induced roughness on runoff and erosion patterns[J]. Geomorphology,2001,37(37):1 - 14.

[36] Thorne C R,Zevenbergen L W,Grissinger E H,et al. Ephemeral gullies as sources of sediment[C]. Proceedings of 4th Interagency Sedimentation Conference, Las Vegas, Nevada,

1986.

[37] Torri D,Sfalanga M,Chisci G. Threshold Conditions for Incipient Rilling[J]. Catena Supplement,1987,8(6):97 - 105.

[38] Vandaele K,Poesen J,Govers G,et al. Geomorphic threshold conditions for ephemeral gully incision[J]. Geomorphology, 1996,16(2):161 - 173.

[39] Vandekerckhove L, Poesen J, Wijdenes, D O, et al. Topographical thresholds for ephemeral gully initiation in intensively cultivated areas of the Mediterranean [J]. Catena, 1998,33(3 -4):271 -292.

[40] Vandekerckhove L,Poesen J,Wijdenes D O,et al. Thresholds for gully initiation and sedimentation in Mediterranean Europe [J]. Earth Surface Processes and Landforms,2000,25(11): 1201 -1220.

[41] Zaslavsky D,Sinai G. Surface hydrology:I-explanation of phenomena[J]. Journal of the Hydraulics Division,1981,107:1 -16.

[42] 胡世雄,靳长兴. 坡面土壤侵蚀临界坡度问题的理论与实验研究[J]. 地理学报,1999,54(4):347 -356.

[43] 靳长兴. 坡度在坡面侵蚀中的作用[J]. 地理研究,1996 (3):57 -63.

[44] 靳长兴. 论坡面侵蚀的临界坡度[J]. 地理学报,1995,50 (3):234 -239.

[45] 李全胜,王兆骞. 坡面承雨强度和土壤侵蚀临界坡度的理

论探讨[J]. 水土保持学报,1995(3):50-53.

[46] 陆中臣. 流域地貌系统[M]. 大连:大连出版社,1991.

[47] 罗斌,陈强,黄少强. 南方花岗岩地区坡面侵蚀临界坡度探讨[J]. 水土保持学报,1999(S1):67-70.

[48] 张科利,唐克丽. 黄土高原坡面浅沟侵蚀特征值的研究[J]. 水土保持学报,1991,5(2):8-13.

[49] 赵晓光,康绍忠. 再论土壤侵蚀的坡度界限[J]. 水土保持研究,1999,6(2):42-46.

[50] 郑粉莉. 发生细沟侵蚀的临界坡长与坡度[J]. 中国水土保持,1989(8):23-24.

第9章 结　语

东北黑土区经过多年大规模开垦，已经是我国重要的商品粮生产基地之一。但多年的粗放经营和不合理耕作，加之不注重土地的休养生息，造成了表层黑土的急剧流失及沟壑的迅猛扩张，使我国东北黑土区面临由"北大仓"向"北大荒"转变的危险。以往的土壤侵蚀研究主要集中于坡面侵蚀和细沟侵蚀，对于发育在更大空间尺度上的沟道侵蚀研究相对较少。但随着人们对沟道侵蚀危害认识的加深及现代科学技术的进步，对沟道侵蚀的研究越来越受到重视。与国外沟道研究相比，国内对沟道侵蚀的研究相对较少，基本处于资料的积累阶段。通过我们对东北黑土漫川漫岗地区的沟道、浅沟及垄沟短期监测和流域调查，初步得出以下结论。

①差分 GPS 可以很好地满足沟道监测研究的需要。利用差分 GPS 采点构建的 DEM 不仅可以计算沟道的侵蚀体积，而且可以从三维形态上展现沟道内部细节上的蚀积变化，这为进一步认识沟道侵蚀发生机制提供了前提条件。沟道的沟缘线与沟底线近乎垂直的形态特征给 DEM 的构建提出了特殊的要求，通过添加硬隔断线等处理构建出的 DEM，无论从形态还是从数值上都较好反映了沟道本身的特性。对于野外差分 GPS 测量，要结合 DEM 构建的特殊要求分别沿沟缘线及沟底线来测

量，采点密度根据地形的破碎程度适当调整。

②研究区沟道目前基本处于强烈的发展阶段。根据2002—2004 年野外监测结果，沟道的体积侵蚀速率变化为414～974 m^3/a，平均 694 m^3/a；面积变化为 261～388 m^2/a，平均 324 m^2/a；沟头年后退 3.9～9.85 m/a，平均 6.88 m/a。在研究黑土区冻融侵蚀作用占有相当的比例，仅以 2004 年冬春季为例，冻融和融雪侵蚀的沟道体积就达 57～181 m^3，平均 117 m^3；面积变化为 70～288 m^2，平均 150 m^2；沟头线形后退 5.7～13 m，平均 8.5 m。而且发育初期阶段的沟道发展迅速，各项侵蚀参数都较大，发育初期的 SG2 在一个侵蚀周期内（2003 年秋至 2004 年秋）的沟头溯源侵蚀达到 12 m、宽度平均扩展 0.78 m、侵蚀体积达到 210 m^3，但各侵蚀参数也与沟道本身的发育阶段有关。发育到中后期的沟道，尽管侵蚀量可能还相当可观，但总体看向以输沙与沉积为主的相对稳定阶段转变。

③研究区沟道发育发展的各项侵蚀参数存在明显的季节差异，冬春季主要是沟道面积、沟道宽度的扩大为主，净侵蚀量变化并不显著，而雨季则主要是沟头扩大及净侵蚀量的变化，沟道沟头的溯源侵蚀在两者间差别不大。根据沟道内部不同季节的蚀积变化特点，即冬春季冻融侵蚀产生沟内堆积——雨季径流产生侵蚀的过程，提出了一种东北黑土区沟道发育的模式。在冬季，沟内的冻融产生的堆积占有相当的比例，而在雨季，沟内的侵蚀则占到绝对主导地位。据此初步认为东北黑土区沟道发育模式为：冬春季以冻融侵蚀产生的沟内堆积为主，是一种沟道内部的物质与能量转移调整过程；雨季则以沟内的侵蚀占主导地位，是一种沟道与外界环境因素间的物质与能量交换过程。该沟道发育的概念模式得到了 DEM 叠加数据的

支持。

④处于发育初期阶段的沟道，在雨季，体积和面积变化似乎较明显的受侵蚀型降水的影响，而对于沟头的线形后退来讲，则可能较多的受到其他随机因素的影响。沟道发育初期，一旦侵蚀沟切入母质砂层，沟道的发展就会明显加快。此外，土壤前期含水量、沟道沟底生长的植被灌丛和沟道本身的阶段性也可能是影响沟道发展的重要因素。同时，我国东北黑土区冻融侵蚀作用明显，对沟道的作用主要表现在沟壁冻融坍塌，沟头溯源后退，对沟道净侵蚀量的作用相对较小，冻融侵蚀物质大部分堆积在沟内。

⑤2004 年对 2 号、8 号小流域侵蚀沟（沟道和浅沟）调查表明：两个小流域的侵蚀总量分别为 1640 m^3/km^2 和 1897 m^3/km^2，就浅沟侵蚀也即其侵蚀模数分别为 199 $m^3/(km^2 \cdot a)$ 和 118 $m^3/(km^2 \cdot a)$。如果黑土容重按 1.2 g/cm^3 计算，那么两个小流域的沟蚀量分别为 1968 t/km^2 和 2277 t/km^2，而浅沟侵蚀模数则分别达到 239 $t/(km^2 \cdot a)$ 和 142 $t/(km^2 \cdot a)$。从沟壑密度来讲，2 号、8 号小流域分别为 2769 m/km^2 和 1350 m/km^2。若按水利部沟蚀强度分级标准，无论以沟头前进速率还是沟壑密度来算，研究区的沟蚀都达到了强度侵蚀甚至剧烈侵蚀的程度。

⑥沟蚀调查资料表明，就其发展而言沟道沟壑密度及沟道破坏面积占流域比例在不同流域存在明显差异。1987—2004 年 2 号、8 号小流域沟道密度年均分别增加 92 $m/(km^2 \cdot a)$ 和 30 $m/(km^2 \cdot a)$，沟道破坏面积占流域比例也表现出明显差异，年均增加值分别为 634$m^2/(km^2 \cdot a)$ 和 319$m^2/(km^2 \cdot a)$。两个小流域沟道侵蚀的差别主要在于它们土地利用的不同。根据沟道发育形成的地貌部位判断，今后沟道数量增加的可能性不

大，但由于沟道还处于发育阶段，并且溯源侵蚀发展迅速，所以沟道沟壑密度还会进一步增加，由此导致沟道的破坏面积也同样扩大。

⑦结合早期航片解译似乎得出结论：沟道的出现是随着人类不合理的开垦活动而出现的，降水只是沟道形成的必要条件，而非充分条件。地表植被特别是低洼水线附近的植被破坏成为导致沟道形成的直接诱因。土壤的质地、结构、透水性等理化特性及坡度、坡长等地形因素是产生沟道的基础。人类不合理的开垦耕作、森林乱伐、草原破坏、无计划的筑路等活动是产生沟道的最终原因。沟道一部分是由浅沟发育而来，另一部分则与路的关系密切。小流域调查表明，沟道平均宽度为0.78~8.25 m，平均2.05 m；沟道平均深度变化为0.15~1.27 m，平均0.49 m。与浅沟的体积和长度相关性甚好不同，沟道的体积主要由深度决定，而与长度的相关性甚弱，沟道体积与深度的相关系数达到了0.83，而与长度的相关系数仅为0.32。沟道的分布与路的关系密切，特别是机耕路，有68%~73%的沟道与路相伴而生。路与沟的关系可简单概括为"路走沟生，沟生路走"。

⑧春季调查的细沟分布特征与耕作方向及坡型有关。在顺坡耕作的直型坡面上，细沟分布的平均间隔、平均深度和宽度都要小于近乎等高种植的坡面。细沟集中出现于3°~4°的坡面上，而且其形成往往与车辙痕迹有关。浅沟一般都分布于低洼水线上，浅沟形态以宽浅为特征，纵剖面呈搓板状。浅沟的汇水面积较大，76%的浅沟汇水面积大于2 hm^2，平均3.4 hm^2；浅沟沟头到分水岭的临界坡长平均为210 m，但由于受人类活动影响，变化较大。浅沟的临界汇水面积与局地坡度呈对数函数关系，关系式为$A = -4.63 \times \ln(S) - 10.26$（$A$

为临界面积，hm^2；S 为临界坡度，m／m）。浅沟的侵蚀体积和长度间有良好的线形关系，二者的相关系数高达 0.95，决定系数为 0.9131，意味着浅沟长度可以说明 90% 以上的浅沟侵蚀体积的变化，这对于浅沟侵蚀模型的发展具有重要意义。

⑨通过野外测量及室内分析得出沟蚀发生的地貌临界公式，沟道发生的地貌临界公式为：$S = 0.1161A^{-0.4457}$，浅沟公式为：$S = 0.0631A^{-0.4643}$，式中，S 表示沟蚀发生的坡度，m／m；A 表示沟蚀发生的临界面积，hm^2。Moore 的沟蚀预测公式 $A_sS > 18$ 在该研究区并不适用。为了校正 Moore 沟蚀预测公式中 A_sS 等权重带来的误差，将等权重的 A_sS 调整为 A_s^bS，这里 b 值为地貌临界 $SA^b = a$ 中的 b 值，主要由不同主导沟蚀过程控制，而且分析表明 b 值越大，预测沟蚀区域对临界值的反应越不敏感，根据 A_s^bS 对沟蚀区域的预测也证实了这一点。通过将地貌临界预测的沟蚀敏感区与野外实际观测到的沟蚀分布区域对比，发现沟蚀地貌临界模型较好地预测了浅沟和沟道的发生区域。

⑩垄沟作为该区重要的侵蚀方式，通过对野外垄沟侵蚀的测量，研究发现在垄沟垄向与谷底线垂直或斜交的情况下，测量坡面得到垄沟的侵蚀模数变化为 5077 ~ 13 234 t／（km^2·a），平均 7766 t／（km^2·a）。远大于研究区其他学者得到的数值，这一方面是由于测量坡面的坡度相对较大，沿垄向的有效坡度则可能更大，另一方面则是由于坡面谷底存在浅沟和沟道对其产生影响。

⑪研究发现对于谷底线上有沟道和浅沟发育的坡面来讲，侵蚀有所不同，浅沟发育坡面段垄沟的侵蚀模数要大于沟道发育坡面段。这是由于浅沟发育的凹形坡面会由于耕作填埋与降水冲刷而变得凹形程度日益加大，进而使与凹形坡面谷底线垂

直或斜交的垄沟侵蚀加强。对于沟道发育坡面段来讲，由于沟道彻底阻断了正常的农业耕作，已为农耕者弃之，沟身两侧灌丛的生长对两侧坡面有一定的保护作用，而且研究坡面的沟道本身发育已经处于中后期，发育渐缓。

⑫通过对 2004 年研究区浅沟调查发现，浅沟的分布密度为 $0.56 \sim 0.93$ km/km^2；年侵蚀模数为 $118 \sim 199$ m^3/km^2；若将浅沟沟边以外 1 m 作为其影响正常种植的缓冲距离，那么浅沟破坏面积占流域面积的比例可达 $0.11\% \sim 0.19\%$。浅沟的宽度为 $40 \sim 400$ cm，平均 126 cm；深度变化为 $6 \sim 50$ cm，平均 16 cm，宽深比平均 9.44，宽浅特征明显，侵蚀深度主要集中在犁耕层，意味着对表层土壤继而对农业生产影响显著。

⑬分析认为，浅沟的发生及分布大多受地形因子控制，同时垄作方式也会对其产生明显影响。对比研究发现，研究区浅沟的临界汇水面积大于黄土高原，而其分布的临界坡度则小于黄土高原，沟头到分水岭的分水距也要远远大于黄土高原相应的参数，这主要与东北坡长坡缓的地形特点有关。通过对浅沟侵蚀参数分析发现，浅沟侵蚀体积主要由浅沟长度决定，浅沟长度可以说明 90% 以上的秋季浅沟侵蚀体积的变化，而且，浅沟长度与流域长度间存在良好的相关性，两者相关系数达到 0.827，决定系数为 0.683。因此，只要得到坡面流域长度，就可以得到浅沟长度进而得到其侵蚀体积，结合通过临界模型预测得到的浅沟潜在发生位置，得到浅沟发生的确切位置。

附录 1

土壤侵蚀分类分级标准
（SL 190—2007）

1 总则

1.0.1 为了统一水土流失调查，开展水土保持工作，制定本标准。

1.0.2 本标准适用于全国土壤侵蚀的分类与分级。

1.0.3 本标准主要引用标准：

《水土保持术语》（GB/T 20465—2006）。

1.0.4 土壤侵蚀的分类与分级除应执行本标准外，尚应符合国家现行有关标准的规定。

2 术语

2.0.1 GB/T 20465—2006 定义的有关土壤侵蚀术语适用于本标准。

2.0.2 土壤侵蚀潜在危险度 The potential hazard degree of soil erosion

生态系统失衡后出现的土壤侵蚀危险程度。用于评估、预测在无明显侵蚀区引起侵蚀和现状侵蚀区加剧侵蚀可能性的大小，以及表示侵蚀区以当前侵蚀速率发展，该土壤层所能承受的侵蚀年限（抗蚀年限）。

3 土壤侵蚀类型分区

3.1 一级类型区

3.1.1 全国应分为水力、风力、冻融 3 个一级土壤侵蚀类型区。

3.1.2 重力侵蚀和混合侵蚀不应单独分类型区。

3.2 二级类型区

3.2.1 水力侵蚀类型区宜分为西北黄土高原区、东北黑土区、北方土石山区、南方红壤丘陵区和西南土石山区5个二级类型区。

3.2.2 风力侵蚀类型区宜分为"三北"戈壁沙漠及沙地风沙区、沿河环湖滨海平原风沙区2个二级类型区。

3.2.3 冻融侵蚀类型区宜分为北方冻融土侵蚀区、青藏高原冰川冻土侵蚀区2个二级类型区。

3.2.4 各大流域、各省（自治区、直辖市）可在全国二级分区的基础上，参照表3.3.1再细分为三级类型区和亚区。

3.3 范围及特点

3.3.1 全国各级土壤侵蚀类型区的范围及特点见表3.3.1。

表3.3.1 全国各级土壤侵蚀类型区的范围及特点

一级类型区	二级类型区	范围与特点
I 水力侵蚀类型区	I₁ 西北黄土高原区	大兴安岭—阴山—贺兰山—青藏高原东缘一线以东；西为祁连山余脉的青海日月山；西北为贺兰山；北为阴山；东为管涔山及太行山；南为秦岭。主要流域为黄河流域。地带性土壤：在半湿润气候带自西向东依次为灰褐土、黑垆土、褐土；在干旱及半干旱气候带自西向东依次为灰钙土、棕钙土、栗钙土。土壤侵蚀分为黄土丘陵沟壑区（下设5个副区）、黄土高原沟壑区、土石山区、林区、高地草原区、干旱草原区、黄土阶地区、冲积平原区等8个类型区，是黄河泥沙的主要来源

一级类型区	二级类型区	范围与特点
I 水力侵蚀类型区	I₂ 东北黑土区（低山丘陵区和漫岗丘陵区）	南界为吉林省南部，东西北三面被大小兴安岭和长白山所绕，漫川漫岗区为松嫩平原，是大小兴安岭延伸的山前冲积洪积台地。地势大致由东北向西南倾斜，具有明显的台坎，坳谷和岗地相间是本区重要的地貌特征；主要流域为松辽流域；低山丘陵主要分布在大小兴安岭、长白山余脉；漫岗丘陵则分布在东、西、北侧等三地区： （1）大小兴安岭山地区。系森林地带，坡缓谷宽，主要土壤为花岗岩、页岩发育的暗棕壤，轻度侵蚀。 （2）长白山千山山地丘陵区。系林草灌丛，主要土壤为花岗岩、页岩、片麻岩，发育的暗棕壤、棕壤，轻度—中度侵蚀。 （3）三江平原区（黑龙江、乌苏里江及松花江冲积平原）。古河床自然河堤形成的低岗地，河间低洼地为沼泽草甸，岗洼之间为平原，无明显水土流失
	I₃ 北方土石山区	东北漫岗丘陵以南，黄土高原以东，淮河以北，包括东北南部，河北、山西、内蒙古、河南、山东等部分。本区气候属暖温带半湿润、半干旱区；主要流域为淮河流域、海河流域；按分布区域，可分为以下 6 个主要的区：

续表

一级类型区	二级类型区	范围与特点
Ⅰ水力侵蚀 类型区	Ⅰ₃北方 土石山区	（1）太行山山地区。包括大五台山、小五台山、太行山和中条山山地，是海河五大水系发源地。主要岩性为片麻岩类、碳酸盐岩等；主要土壤为褐土；水土流失为中度—强烈侵蚀，是华北地区水土流失最严重的地区。 （2）辽西—冀北山地区。主要岩性为花岗岩、片麻岩、砂页岩；主要土壤为山地褐土、栗钙土；水土流失为中度侵蚀，常伴有泥石流发生。 （3）山东丘陵区（位于山东半岛）。主要岩性为片麻岩、花岗岩等；主要土壤为棕壤、褐土，土层薄，尤其是沂蒙山区；水土流失属中度侵蚀。 （4）阿尔泰山地区。主要分布在新疆阿尔泰山南坡；山地森林草原；无明显水土流失。 （5）松辽平原、松花江、辽河冲积平原，范围不包括科尔沁沙地。主要土壤为黑钙土、草甸土；水土流失主要发生在低岗地，水土流失强度为轻度侵蚀。 （6）黄淮海平原区。北部以太行山、燕山为界；南部以淮河、洪泽湖为界，是黄、淮、海三条河流的冲积平原；水土流失主要发生在黄河中下游、淮河流域、海河流域的古河道岗地，流失强度为中、轻度

一级类型区	二级类型区	范围与特点
I 水力侵蚀 类型区	I₄ 南方红 壤丘陵区	以大别山为北屏,巴山、巫山为西障(含鄂西全部),西南以云贵高原为界(包括湘西、桂西),东南直抵海域并包括台湾省、海南省及南海诸岛。主要流域为长江流域;主要土壤为红壤、黄壤,是我国热带及亚热带地区的地带性土壤,非地带性土壤有紫色土、石灰土、水稻土等。 按地域分为 3 个区: (1)江南山地丘陵区。北起长江以南、南到南岭;西起云贵高原、东至东南沿海,包括幕阜山、罗霄山、黄山、武夷山等。主要岩性为花岗岩类、碎屑岩类;主要土壤为红壤、黄壤、水稻土。 (2)岭南平原丘陵区。包括广东、海南岛和桂东地区。以花岗岩类、砂页岩类为主,发育赤红壤和砖红壤。局部花岗岩风化层深厚,崩岗侵蚀严重。 (3)长江中下游平原区。位于宜昌以东,包括洞庭湖、鄱阳湖平原、太湖平原和长江三角洲;无明显水土流失
	I₅ 西南 土石山区	北接黄土高原,东接南方红壤丘陵区,西接青藏高原冻融区,包括云贵高原、四川盆地、湘西及桂西等地。气候为热带、亚热带;主要流域为珠江流域;岩溶地貌发育;主要岩性为碳酸岩类,此外,还有花岗岩、紫色砂页岩、泥岩等;山高坡陡、石多土少;高温多雨、岩溶发育。山崩、滑坡、泥石流分布广,发生频率高。

一级类型区	二级类型区	范围与特点
Ⅰ水力侵蚀 类型区	Ⅰ₅西南 土石山区	按地域分为 5 个区： （1）四川山地丘陵区。四川盆地中除成都平原以外的山地、丘陵；主要岩性为紫红色砂页岩、泥页岩等；主要土壤为紫色土、水稻土等；水土流失严重，属中度、强烈侵蚀，并常有泥石流发生，是长江上游泥沙的主要来源区之一。 （2）云贵高原山地区。多高山，有雪峰山、大娄山、乌蒙山等；主要岩性为碳酸盐岩类、砂页岩；主要土壤为黄壤、红壤和黄棕壤等，土层薄，基岩裸露，坪坝地为石灰土，溶蚀为主；水土流失为轻度—中度侵蚀。 （3）横断山山地区。包括藏南高山深谷，横断山脉，无量山及西双版纳地区；主要岩性为变质岩、花岗岩、碎屑岩类等；主要土壤为黄壤、红壤、燥红土等；水土流失为轻度—中度侵蚀，局部地区有严重泥石流。 （4）秦岭大别山鄂西山地区。位于黄土高原，黄淮海平原以南，四川盆地、长江中下游平原以北；主要岩性为变质岩、花岗岩；主要土壤为黄棕壤，土层较厚；水土流失为轻度侵蚀。 （5）川西山地草甸区。主要分布在长江上中游、珠江上游，包括大凉山、邛崃山、大雪山等；主要岩性为碎屑岩类；主要土壤为棕壤、褐土；水土流失为轻度侵蚀

一级类型区	二级类型区	范围与特点
Ⅱ风力侵蚀类型区	Ⅱ₁ "三北" 戈壁沙漠及沙地风沙区	主要分布在西北、华北、东北的西部，包括青海、新疆、甘肃、宁夏、内蒙古、陕西、黑龙江等省（自治区）的沙漠戈壁和沙地。气候干燥，年降水量 100 ~ 300 mm，多大风及沙尘暴、流动和半流动沙丘，植被稀少；主要流域为内陆河流域。 按地域分为 6 个区： （1）（内）蒙（古）、新（疆）、青（海）高原盆地荒漠强烈风蚀区。包括准噶尔盆地、塔里木盆地和柴达木盆地，主要由腾格里沙漠、塔克拉玛干沙漠和巴丹吉林沙漠组成。 （2）内蒙古高原草原中度风蚀水蚀区。包括呼伦贝尔、内蒙古和鄂尔多斯高原，毛乌素沙地、浑善达克（小腾格里）和科尔沁沙地，库布齐和乌兰察布沙漠；主要土壤：南部干旱草原为栗钙土、北部荒漠草原为棕钙土。 （3）准噶尔绿洲荒漠草原轻度风蚀水蚀区。围绕古尔班通古特沙漠，呈向东开口的马蹄形绿洲带，主要土壤为灰漠土。 （4）塔里木绿洲轻度风蚀水蚀区。围绕塔克拉玛干沙漠，呈向东开口的绿洲带，主要土壤为淤灌土。 （5）宁夏中部风蚀区。包括毛乌素沙地部分，腾格里沙漠边缘的盐地等区域。 （6）东北西部风沙区。多为流动和半流动沙丘、沙化漫岗，沙漠化发育

附录1 土壤侵蚀分类分级标准（SL 190—2007）

续表

一级类型区	二级类型区	范围与特点
Ⅱ风力侵蚀类型区	Ⅱ₂沿河环湖滨海平原风沙区	主要分布在山东黄泛平原、鄱阳湖滨湖沙山及福建省、海南省滨海区。湿润或半湿润区，植被覆盖度高。 按地域分为3个区： （1）鲁西南黄泛平原风沙区。北靠黄河、南临黄河故道；地形平坦，岗坡洼相间，多马蹄形或新月形沙丘；主要土壤为沙土、沙壤土。 （2）鄱阳湖滨湖沙山区。主要分布在鄱阳湖北湖湖滨，赣江下游两岸新建、流湖一带；沙山分为流动型、半固定型及固定型三类。 （3）福建及海南省滨海风沙区。福建海岸风沙主要分布在闽江、晋江及九龙江入海口附近一线；海南省海岸风沙主要分布在文昌沿海
Ⅲ冻融侵蚀类型区	Ⅲ₁北方冻融土侵蚀区	主要分布在东北大兴安岭山地及新疆的天山山地。 按地域分两个区： （1）大兴安岭北部山地冻融水蚀区。高纬高寒，属多年冻土地区，草甸土发育。 （2）天山山地森林草原冻融水蚀区。包括哈尔克山、天山、博格达山等；为冰雪融水侵蚀，局部发育冰石流

— 221 —

一级类型区	二级类型区	范围与特点
Ⅲ冻融侵蚀类型区	Ⅲ₂青藏高原冰川冻土侵蚀区	主要分布在青藏高原和高山雪线以上。按地域分为两个区: (1)藏北高原高寒草原冻融风蚀区。主要分布在藏北高原。 (2)青藏高原高寒草原冻融侵蚀区。主要分布在青藏高原的东部和南部,高山冰川与湖泊相间,局部有冰川泥石流

3.3.2 对土壤侵蚀类型区具体进行定性定量的划分,应收集规划范围内土壤侵蚀有关的系列图件及相应资料,做好系统分析及综合集成,并充分利用最新的遥感技术影像资料。

3.3.3 应将土壤侵蚀范围及强度视为一个动态变化过程,重视和利用土壤侵蚀动态监测评价的有关成果。

3.3.4 允许应用模糊聚类分析等新的分析计算方法。

4 土壤侵蚀强度分级

4.1 水力侵蚀、重力侵蚀的强度分级

4.1.1 不同侵蚀类型区宜采用不同的容许土壤流失量,见表 4.1.1。

表 4.1.1　各侵蚀类型区容许土壤流失量

单位：t／（km^2·a）

类型区	容许土壤流失量	类型区	容许土壤流失量
西北黄土高原区	1000	南方红壤丘陵区	500
东北黑土区	200	西南土石山区	500
北方土石山区	200		

4.1.2　土壤水力侵蚀的强度分级标准，见表 4.1.2 - 1。其面蚀（片蚀）、沟蚀分级指标应符合以下规定。

表 4.1.2 - 1　水力侵蚀强度分级

级别	平均侵蚀模数 [t／（km^2·a）]	平均流失厚度 （mm/a）
微度	＜200，＜500，＜1000	＜0.15，＜0.37，＜0.74
轻度	200，500，1000~2500	0.15，0.37，0.74~1.9
中度	2500~5000	1.9~3.7
强烈	5000~8000	3.7~5.9
极强烈	8000~15 000	5.9~11.1
剧烈	＞15 000	＞11.1

注：本表流失厚度系按土的干密度 1.35 g／cm^3 折算，各地可按当地土壤干密度计算。

　1　土壤侵蚀强度面蚀（片蚀）分级指标，见表 4.1.2 - 2。

表4.1.2-2　面蚀（片蚀）分级指标

地类 ＼ 地面坡度（°）		5~8	8~15	15~25	25~35	>35
非耕地 林草盖度 （%）	60~75					
	45~60	轻度				强烈
	30~45		中度		强烈	极强烈
	<30			强烈	极强烈	剧烈
坡耕地		轻度	中度			

2　土壤侵蚀强度沟蚀分级指标，见表4.1.2-3。

表4.1.2-3　沟蚀分级指标

沟谷占坡面面积比（%）	<10	10~25	25~35	35~50	>50
沟壑密度（km/km²）	1~2	2~3	3~5	5~7	>7
强度分级	轻度	中度	强烈	极强烈	剧烈

4.1.3　重力侵蚀强度分级指标，见表4.1.3。

表4.1.3　重力侵蚀分级指标

崩塌面积占坡面面积比（%）	<10	10~15	15~20	20~30	>30
强度分级	轻度	中度	强烈	极强烈	剧烈

4.1.4　土壤侵蚀强度分级，应以年平均侵蚀模数为判别指标，只在缺少实测及调查侵蚀模数资料时，可在经过分析后，运用有关侵蚀方式（面蚀、沟蚀）的指标进行分级，各分级的侵

蚀模数与土壤水力侵蚀强度分级相同。

4.2 风力侵蚀及混合侵蚀（泥石流）强度分级

4.2.1 日平均风速不小于5 m／s、全年累计30 d以上，且多年平均降水量小于300 mm（但南方及沿海风蚀区，如江西鄱阳湖滨湖地区、滨海地区、福建东山等，则不在此限值之内）的沙质土壤地区，应定为风力侵蚀区。

4.2.2 风力侵蚀的强度分级应符合表4.2.2的规定。

表4.2.2 风力侵蚀的强度分级

级别	床面形态 （地表形态）	植被覆盖度（%） （非流沙面积）	风蚀厚度 （mm／a）	侵蚀模数 [t／(km² · a)]
微度	固定沙丘、沙地和滩地	>70	<2	<200
轻度	固定沙丘、半固定沙丘、沙地	70~50	2~10	200~2500
中度	半固定沙丘、沙地	50~30	10~25	2500~5000
强烈	半固定沙丘、流动沙丘、沙地	30~10	25~50	5000~8000
极强烈	流动沙丘、沙地	<10	50~100	8000~15 000
剧烈	大片流动沙丘	<10	>100	>15 000

4.2.3 黏性泥石流、稀性泥石流、泥流侵蚀的强度分级，应以单位面积年平均冲出量为判别指标，见表4.2.3。

表 4.2.3 泥石流侵蚀强度分级

级别	每年每平方公里冲出量（万 m³）	固体物质补给形式	固体物质补给量（万 m³/km²）	沉积特征	泥石流浆体密度（t/m³）
轻度	<1	由浅层滑坡或零星坍塌补给，由河床质补给时，粗化层不明显	<20	沉积物颗粒较细，沉积表面较平坦，很少有大于 10 cm 以上颗粒	1.3 ~ 1.6
中度	1 ~ 2	由浅层滑坡及中小型坍塌补给，一般阻碍水流，或由大量河床补给，河床有粗化层	20 ~ 50	沉积物细颗粒较少，颗粒间较松散，有岗状筛滤堆积形态，颗粒较粗，多大漂砾	1.6 ~ 1.8
强烈	2 ~ 5	由深层滑坡或大型坍塌补给，沟道中出现半堵塞	50 ~ 100	有舌状堆积形态，一般厚度在 200 m 以下，巨大颗粒较少，表面较为平坦	1.8 ~ 2.1
极强烈	>5	以深层滑坡和大型集中坍塌为主，沟道中出现全部堵塞情况	>100	有垄岗、舌状等黏性泥石流堆积形成，大漂石较多，常形成侧堤	2.1 ~ 2.2

5 土壤侵蚀程度分级

5.0.1 有明显土壤发生层的侵蚀程度分级标准应按表 5.0.1 规定执行。

表 5.0.1 按土壤发生层的侵蚀程度分级

级别	指标
无明显侵蚀	A、B、C 三层剖面保持完整
轻度侵蚀	A 层保留厚度大于 1/2，B、C 层完整
中度侵蚀	A 层保留厚度大于 1/3，B、C 层完整
强烈侵蚀	A 层无保留，B 层开始裸露，受到剥蚀
剧烈侵蚀	A、B 层全部剥蚀，C 层出露，受到剥蚀

5.0.2 按活土层残存情况侵蚀的程度分级标准应按表 5.0.2 执行。当侵蚀土壤系由母质甚至母岩直接风化发育的新成土（无法划分 A 层、B 层）且缺乏完整的土壤发生层剖面进行对比时，可按表 5.0.2 进行侵蚀程度分级。

表 5.0.2 按活土层的侵蚀程度分级

级别	指标	级别	指标
无明显侵蚀	活土层完整	强烈侵蚀	活土层全部被蚀
轻度侵蚀	活土层小部分被蚀	剧烈侵蚀	母质层部分被蚀
中度侵蚀	活土层厚度 50% 以上被蚀		

附录 A 土壤侵蚀潜在危险分级

A.0.1 侵蚀后果的危险度分级应符合表 A.0.1 的规定。

表 A.0.1　水蚀区危险度分级

级别	临界土层的抗蚀年限（a）
无险型	>1000
轻险型	100 ~ 1000
危险型	20 ~ 100
极险型	<20
毁坏型	裸岩、明沙、土层不足 10 cm

注：1. 临界土层系指农林牧业中，林草作物种植所需土层厚度的低限值，此处按种草所需最小土层厚度 10 cm 为临界土层厚度；

2. 抗蚀年限系指大于临界值的有效土层厚度与现状年均侵蚀深度的比值。

A.0.2　滑坡、泥石流危险度可用百年一遇的泥石流冲出量或滑坡滑动时可能造成的损失作为分级指标，并应符合表 A.0.2 的规定。

表 A.0.2　滑坡、泥石流危险度分级表

类别	等级	指标
Ⅰ 较轻	1	危害孤立房屋、水磨等安全，危及安全人数在 10 人以下
Ⅱ 中等	2	危及小村庄及非重要公路、水渠等安全，并可能危及 50 ~ 100 人的安全
	3	威胁镇、乡所在地及大村庄，危及铁路、公路、小航道安全，并可能危及 100 ~ 1000 人的安全

类别	等级	指标
Ⅲ严重	4	威胁县城及重要镇所在地、一般工厂、矿山、铁路、国道及高速公路，并可能危及1000~10 000人的安全或威胁Ⅳ级航道
	5	威胁地级行政所在地，重要县城、工厂、矿山、省际干线铁路，有可能危及10 000人以上人口安全或威胁Ⅲ级及以上航道安全

附录B 水力侵蚀模数的确定方法

B.0.1 水力侵蚀模数应根据水土保持试验研究站（所）所代表的土壤侵蚀类型区取得的以下实测径流泥沙资料统计及分析：

1 标准径流场的资料，仅反映坡面上的溅蚀量及细沟侵蚀量，不能反映浅沟（集流槽）侵蚀，通常偏小；

2 全坡面大型径流场资料，能反映浅沟侵蚀，比较接近实际；

3 各类实验小流域的径流、输沙资料。

B.0.2 野外及室内人工模拟降雨应采用以下设施：

1 室内人工模拟降雨设施：宜采用已建成的国家实验室室内人工模拟降雨设施；

2 室外人工模拟降雨设施：应采用国家标准室外人工模拟降雨设施；

3 人工模拟降雨设施可用来测定不同坡度、植被、土壤、土地利用，在设定暴雨频率下的侵蚀量。

B.0.3 野外土壤侵蚀调查应包括以下内容：

1　坡面细沟及浅沟侵蚀量的量测；

2　沟道纵横断面冲淤变化的量测；

3　用地面立体摄影仪测量并监测滑坡及崩坍形式的重力侵蚀，应根据外业所取得的立体像，在室内用仪器清绘等高线，并绘制成 1∶500 ~ 1∶2000 地形图；

4　用竹签等量测泻溜形式的重力侵蚀；

5　泥石流冲淤过程观测。宜采用雷达流速仪测速装置、超声波泥位计测深装置、遥测冲击力仪、动态摄影仪等进行量测。

B.0.4　利用小水库、塘坝及淤地坝的淤积量进行量测，可按式（B.0.4 - 1）推算：

$$W_{S来} = W_{S淤} + W_{S排} \qquad (B.0.4 - 1)$$

式中，$W_{S来}$——小水库或塘坝来沙量；

　　　　$W_{S淤}$——小水库或塘坝淤积量；

　　　　$W_{S排}$——小水库或塘坝排沙量。

排沙比按式（B.0.4 - 2）计算：

排沙比　　　　　$M = RKLSBET$ 　　　(B.0.4 - 2)

$$W_{S来} = W_{S淤}\beta^{-1}$$

B.0.5　根据本省、本地《水文手册》年输沙模数资料，用泥沙输移比进行推算。

B.0.6　^{137}Cs 半衰期为 30 年，是研究土壤侵蚀、泥沙来源的新方法。原子弹爆炸产生 ^{137}Cs 降落地表，被表层土壤胶体吸附，很难被植物摄取或被雨水淋溶掉。可根据土壤剖面的 ^{137}Cs 含量，对流域内不同类型坡地的侵蚀程度进行分析。

B.0.7　采用土壤侵蚀或产沙数学模型进行计算，应包括以下方法和内容：

1　1965 年 Wischmeier-Smith 首创了通用土壤流失方程

（USLE）；1975 年 Williams-Berndt 加以改进，提出了修正通用土壤流失方程（MUSLE）；以后又不断进行修正，如侵蚀力方面有 Onstad-Foster(1975)、土壤可蚀性方面有 Elwell(1981)、土地经营措施方面有 Laflen（1985）等。

2　一种新的 WEPP 模型正在发展代替 USLE。已采用模拟降雨装置，可估算雨滴和剪切力对土壤的分离作用，已采用专门研制的显微照片技术来处理细沟系数和体积，采用了CRE-AMS 水文模型的主要成分，该模型可通过数字化的地形图、土壤图、地质图及地理资料，并融到流域模型中。

3　年平均土壤水蚀模数可根据式（B.0.7）计算。由于各地区条件不同，建议采用多种方法比较，合理取值。

$$M = RKLSBET \qquad (B.0.7)$$

式中，M——年平均土壤水蚀模数（$t \cdot km^{-2} \cdot a^{-1}$）；

R——多年平均年降雨侵蚀力，标准计算方法是降雨动能 E 与最大 30 min 雨强 I_{30} 的乘积，（$MJ \cdot km^{-2} \cdot a^{-1}$）（$mm \cdot h^{-1}$），具体应用可以用降雨过程资料直接计算，或根据等值线图内插，或利用简易公式根据当地年平均降雨量计算；

K——土壤可蚀性，为单位降雨侵蚀力造成的单位面积上的土壤流失量，（$t \cdot km^{-2}$）$[（MJ \cdot km^{-2}）(mm \cdot h^{-1})]^{-1}$（可简化为 $t \cdot h \cdot MJ^{-1} \cdot mm^{-1}$），$K$ 值可以通过标准小区观测获得，也可根据诺模图计算获得，若无资料，则取平均值 $0.0434\ t \cdot h \cdot MJ^{-1} \cdot mm^{-1}$；

L——坡长因子，无量纲，按公式计算，其中坡长最大取值为 300 m，若无坡长数据取值 1；

S——坡度因子，无量纲；

　　B——生物措施因子，无量纲；

　　E——工程措施因子，无量纲，若无资料取值 1；

　　T——耕作措施因子，无量纲，横坡耕作取值 0.5，顺坡耕作取值 1。

标准用词说明

标准用词	在特殊情况下的等效表述	要求严格程度
应	有必要、要求、要、只有……才允许	要求
不应	不允许、不许可、不要	
宜	推荐、建议	推荐
不宜	不推荐、不建议	
可	允许、许可、准许	允许
不必	不需要、不要求	

中华人民共和国水利行业标准
土壤侵蚀分类分级标准
SL 190—2007
条文说明

3　土壤侵蚀类型分区

3.1.1　用主导因素法并以与土壤侵蚀关联度高、又较稳定的自然因素作为划分一级类型区的依据。

3.2.1～3.2.4　以形态学原则（地质、地貌、土壤）作为划分二级类型区的依据。

3.2.2　"三北"指东北西部、华北北部和西北大部。

3.3.1 根据区内相似性和区间差异性原则，将全国分为水力侵蚀类型区、风力侵蚀类型区、冻融侵蚀类型区等3个一级类型区；西北黄土高原区、东北黑土区、北方土石区、南方红壤丘陵区、西南土石山区、三北戈壁沙漠及沙地风沙区、沿河环湖滨海平原风沙区、北方冻融土侵蚀区、青藏高原冰川侵蚀区等9个二级类型区，并从地貌、气候、水土流失等方面描述各区的特点。

4 土壤侵蚀强度分级

4.2.2 风力侵蚀模数的确定，可采用下列方法。

（1）定点观测。采用风蚀采样器，根据埋设的标杆量测被风力吹失的表土层厚度；亦可用激光计装置，测定不同高度飞沙量分布。

（2）野外调查。调查被风力吹蚀后裸露树根的深度。

（3）风洞模拟试验。采用不同类型及不同大小的风洞，有室内的，也有安装在汽车上的野外流动风洞。

（4）风蚀数学模型。如美国的风蚀方程（WEQ）、修正风蚀方程（RWEQ）以及风蚀预报系统（WEPS）等，这些方程和模型可用于防治风蚀措施设计、预测预报及绘制土壤风蚀图等；我国学者在风蚀研究中提出的风蚀统计模型和遥感信息模型，为进一步探索适于我国侵蚀环境的风蚀建模工作奠定了一定的基础。

附录 2

水土保持术语
（GB/T 20465—2006）

1 范围

本标准确立了水土保持科学技术范围内的基本术语及定义，包括水土保持基本术语、规划设计与试验研究术语、预防监督与管理术语和综合治理术语 4 部分。

本标准适用于水土保持生产、科研、教学和管理等有关领域。

2 基本术语

2.1 综合术语

2.1.1 水土流失 soil erosion and water loss

在水力、风力、重力及冻融等自然营力和人类活动作用下，水土资源和土地生产能力的破坏和损失，包括土地表层侵蚀及水的损失。

2.1.2 水的损失 water loss

大于土壤入渗强度的雨水或融雪水因重力作用而沿坡面流失的现象。

2.1.3 水土流失类型 type of soil erosion and water loss

根据引发水土流失的主要作用力的不同而划分的水土流失类别。

2.1.4 水土流失形式 form of soil erosion and water loss

在作用力相同的情况下，水土流失所表现出的不同方式。

2.1.5 水土流失区 region of soil erosion and water loss

水土流失比较集中，年土壤侵蚀量超过相应的容许土壤流失量的地域。

2.1.6 水土流失面积 area of soil erosion and water loss

土壤侵蚀强度为轻度和轻度以上的土地面积，亦称土壤侵蚀面积。

2.1.7 水土流失规律 law of soil erosion and water loss

水土流失的发生、发展与其各种影响因素之间的内在联系。

2.1.8 容许土壤流失量 soil loss tolerance

根据保持土壤资源及其生产能力而确定的年土壤流失量上限，通常小于或等于成土速率。对于坡耕地，是指维持土壤肥力，保持作物在长时期内能经济、持续、稳定地获得高产所容许的年最大土壤流失量。

2.1.9 水土保持 soil and water conservation

防治水土流失，保护、改良与合理利用水土资源，维护和提高土地生产力，减轻洪水、干旱和风沙灾害，以利于充分发挥水土资源的生态效益、经济效益和社会效益，建立良好生态环境，支撑可持续发展的生产活动和社会公益事业。

2.1.10 水土保持措施 soil and water conservation measures

为防治水土流失，保护、改良与合理利用水土资源，改善生态环境所采取的工程、植物和耕作等技术措施与管理措施的总称。

2.1.11 水土保持设施 soil and water conservation facilities

具有防治水土流失功能的各类人工建筑物、自然和人工植被以及自然地物的总称。

2.1.12　水土流失综合治理　comprehensive control of soil erosion and water Loss

按照水土流失规律、经济社会发展和生态安全的需要，在统一规划的基础上，调整土地利用结构，合理配置预防和控制水土流失的工程措施、植物措施和耕作措施，形成完整的水土流失防治体系，实现对流域（或区域）水土资源及其他自然资源的保护、改良与合理利用的活动。

2.1.13　水土保持生态环境建设　soil and water conservation for ecological environment rehabilitation

为保护与改善生态环境而进行的水土流失防治活动。

2.1.14　小流域　small watershed

面积不超过 50 km^2 的集水单元。

2.1.15　小流域综合治理　comprehensive management of small watershed

以小流域为单元，在全面规划的基础上，预防、治理和开发相结合，合理安排农、林、牧等各业用地，因地制宜地布设水土保持措施，实施水土保持工程措施、植物措施和耕作措施的最佳配置，实现从坡面到沟道、从上游到下游的全面防治，在流域内形成完整、有效的水土流失综合防护体系，既在总体上，又在单项措施上能最大限度地控制水土流失，达到保护、改良和合理利用流域内水土资源和其他自然资源，充分发挥水土保持生态效益、经济效益和社会效益的水土流失防治活动。

2.1.16　小流域经济　small watershed economy

以小流域为单元，在规模化、集约化水土保持综合治理开发基础上发展起来的产业化、商品化农业生产模式。

2.1.17　土地沙化　land sandification

由于土壤侵蚀，表土失去细粒（粉粒、黏粒）而逐渐粗化，或由于流沙（泥沙）入侵，导致土地生产力下降甚至丧失的现象。

2.1.18　风沙流　sandy air current

沙粒被风扬起并随风沿地面及近地空间搬运前进形成的挟沙气流。

注：当风力较大，将地面沙尘吹起，出现空气相当浑浊，水平能见度为1 km~10 km的天气现象，称为扬沙。当强风将地面大量沙尘卷入空中，出现空气特别浑浊，水平能见度低于1 km的天气现象，称为沙尘暴。

2.1.19　沙漠　sandy desert

气候干旱，植被稀疏，风沙吹蚀强烈，沙丘、沙垄等风积地貌发育的地域。

2.1.20　荒漠化　desertification

在干旱区、半干旱区和干旱的亚湿润区，由于气候变化及人类活动引起的土地退化现象，包括水土流失、土壤的物理化学和生物特性退化以及自然植被长期丧失等引起的土地生产力的下降或丧失。

注：按其成因可分为水蚀荒漠化、风蚀荒漠化、冻融荒漠化、土壤盐渍化和其他因素造成的荒漠化等类型。

2.1.21　沙质荒漠化　sandy desertification

在具有沙质地表物质组成的干旱、半干旱地区，由于自然和人类活动，使原来非沙质荒漠地区出现以风沙活动为显著特征，从而导致土地生产力衰退或丧失，并产生荒漠景观的生态环境退化现象，亦称沙漠化。

2.1.22　石漠化　rockification

因水土流失而导致地表土壤损失，基岩裸露，土地丧失农业利用价值和生态环境退化的现象。

2.1.23　草场退化　grassland degradation

草场草群矮化、稀疏，优良牧草衰退，产草量降低，生态环境恶化等逆向性演替的现象。

2.2　土壤侵蚀与泥沙

2.2.1　土壤侵蚀　soil erosion

在水力、风力、冻融、重力等自然营力和人类活动作用下，土壤或其他地面组成物质被破坏、剥蚀、搬运和沉积的过程。

2.2.2　自然侵蚀　natural erosion

在不受人为影响的自然环境中发生的土壤侵蚀。

2.2.3　人为侵蚀　erosion caused by human activities

由人类活动，如开矿、修路、工程建设以及滥伐、滥垦、滥牧、不合理耕作等，引起的土壤侵蚀。

2.2.4　侵蚀营力　erosion force

导致土壤侵蚀的作用力，包括水力、风力、冻融、重力等自然营力及人类对土地破坏的作用力。

2.2.5　土壤侵蚀类型　type of soil erosion

按照侵蚀营力的不同而划分的土壤侵蚀类别，主要有水力侵蚀、风力侵蚀、冻融侵蚀、重力侵蚀等。

2.2.6　土壤侵蚀形式　form of soil erosion

在同一侵蚀营力作用下，土壤侵蚀所表现出的不同方式。

2.2.7　土壤侵蚀规律　mechanism of soil erosion

土壤侵蚀的发生、发展与各种影响因子之间的内在联系。

2.2.8　水力侵蚀　water erosion

土壤及其母质或其他地面组成物质在降雨、径流等水体作用下，发生破坏、剥蚀、搬运和沉积的过程，包括面蚀、沟蚀等。

2.2.9　面蚀　surface erosion

降雨和地表径流对地表土体比较均匀地剥离和搬运的一种

水力侵蚀形式，包括溅蚀、片蚀和细沟侵蚀。

2.2.10　沟蚀　gully erosion

坡面径流冲刷土体，切割陆地地表，在地面形成沟道并逐渐发育的过程。

2.2.11　淋溶侵蚀　leaching erosion

土壤及其母质中被水溶解的物质或细小颗粒随入渗水流迁移的过程。

2.2.12　波浪侵蚀　wave erosion

由风或行船等扰动水面形成波浪，冲击岸坡、堤防并产生崩塌、磨蚀和淋溶的过程。

2.2.13　溯源侵蚀　headward erosion

地表径流使侵蚀沟向水流相反方向延伸，并逐步趋近分水岭的过程。

2.2.14　风力侵蚀　wind erosion

风力作用于地面，引起地表土粒、沙粒飞扬、跳跃、滚动和堆积，并导致土壤中细粒损失的过程。

2.2.15　冻融侵蚀　freeze－thaw erosion

土体和岩石因反复冻融作用而发生破碎、位移的过程。

2.2.16　重力侵蚀　gravitational erosion

土壤及其母质或基岩主要在重力作用下，发生位移和堆积的过程。主要包括崩塌、泻溜、滑坡和泥石流等形式。

2.2.17　滑坡　landslide

坡面上部分土体或岩石在重力等作用下，沿坡体内部的一个或多个滑动面（带）整体向下运动的现象。

2.2.18　混合侵蚀　mixed erosion

在两种或两种以上侵蚀营力共同作用下形成的一种侵蚀类型，如崩岗、泥石流等。

2.2.19 崩岗 slope collapse

山坡土体或岩石体风化壳在重力与水力作用下分解、崩塌和堆积的侵蚀现象。

2.2.20 泥石流 debris flow

在水力和重力的综合作用下，山坡或沟道突然爆发的含有大量水和泥沙、石块的液、固两相洪流。

2.2.21 土壤侵蚀程度 soil erosion degree

以土壤原生剖面被侵蚀的状态为指标划分的土壤侵蚀等级。

2.2.22 土壤侵蚀强度 soil erosion intensity

以单位面积和单位时段内发生的土壤侵蚀量为指标划分的土壤侵蚀等级。

2.2.23 土壤侵蚀量 amount of soil erosion

土壤及其母质在侵蚀营力作用下，从地表处被击溅、剥蚀或崩落并产生位移的数量，通常以 t 或 m^3 表示。

2.2.24 土壤流失量 amount of soil loss

土壤及其母质在侵蚀营力作用下，产生位移并通过某一观察断面的泥沙数量。以 t 或 m^3 表示。

2.2.25 土壤侵蚀模数 soil erosion modulus

单位时段内单位水平面积地表土壤及其母质被侵蚀的总量，通常以 $t/km^2 \cdot a$ 表示。

2.2.26 侵蚀基准面 erosion base

水流侵蚀基准 water erosion base

水流下切接近某一平面后即失去侵蚀能力，不再往下侵蚀，这一平面称为侵蚀基准面。

2.2.27 沟道密度 gully density

单位面积内分布的沟道的总长度，通常以 km/km^2 表示。

2.2.28 泥沙 sediment

在土壤侵蚀过程中，随水流输移和沉积的土体、矿物岩石等固体颗粒。

2.2.29 流域产沙量 watershed sediment yield

通过流域出口观测断面的泥沙量及其上游工程拦蓄和沟道、河床及湖泊等沉积的泥沙量的总和，通常以 t 表示。

2.2.30 流域输沙量 amount of sediment dilivery

通过流域出口断面的泥沙总量。以 t 表示。

2.2.31 含沙量 sediment concentration

单位体积水体中所含泥沙的重量，通常以 kg/m^3 表示。

2.2.32 输沙模数 modulus of sediment yield

某一时段内，流域输沙量与相应集水面积的比值，通常以 $t/(km^2 \cdot a)$ 表示。

2.2.33 泥沙输移比 delivery ratio

在某一时段内，通过沟道或河流某一断面的输沙总量与该断面以上流域的产沙量的比值。

3 规划设计与试验研究

3.1 区划与规划

3.1.1 土壤侵蚀分区 soil erosion zoning

根据土壤侵蚀成因、类型、强度及其影响因素的相似性和差异性，对某一地区进行的地域划分，亦称水土流失分区。

3.1.2 水土流失类型区 region of soil erosion and water loss types

通过土壤侵蚀分区划分形成的地域称为水土流失类型区。

3.1.3 水土保持区划 soil and water conservation regionalization

根据自然和社会经济条件、水土流失类型、强度和危害，以及水土流失防治方法的区域相似性和区域间差异性进行的水土保持区域划分，并对各区分别采取相应的生产发展布局（或土地利用方向）和水土流失防治措施布局的工作。

3.1.4　水土保持规划　soil and water conservation planning

按特定区域和特定时段制定的水土保持总体部署和实施安排。

3.1.5　小流域综合治理规划　planning of small watershed comprehensive management

以小流域为单元，依据水土流失规律和社会经济发展要求，合理调整土地利用结构和农村产业结构，科学配置各项水土流失治理措施，形成完整的小流域综合防治体系的具体部署和实施安排。

3.1.6　土地利用规划　land use planning

按照土地适宜性和社会经济发展的需要，确定土地利用方向，调整土地利用结构，并布设相应的水土保持措施的具体部署和实施安排。

3.1.7　土地利用结构　land use structure

在某一区域范围内，各种土地利用类型的面积占土地总面积的比例。

3.1.8　土地适宜性评价　land suitability assessment

根据土壤、植被、气候以及土地的其他基本条件，按照农、林、牧以及城市、旅游等各业的适宜性及自然生产潜力水平的异同性，对土地利用选择方案进行的分类和鉴定。

3.1.9　水土保持措施配置　collocation of soil and water conservation measures

为防治水土流失所做出的各种技术措施的安排和组合。

3.1.10 小流域综合治理初步设计 initial designing for small watershed management

以小流域为单元，根据其综合规划，对各项水土保持措施做出综合配置和典型设计，对实施进度、投入做出安排，对其效益做出评价，对单项工程做出设计和实施安排的工作。

3.1.11 宜治理面积 area suitable to erosion control

在现有技术经济条件下，需要并可能实施治理的水土流失面积。

3.1.12 水土流失治理面积 area of water and soil conservation

在水土流失地区，实施了水土保持措施，达到国家治理标准的土地面积。

3.1.13 水土流失治理程度 erosion control ratio

在某一区域内，水土流失治理面积占原有水土流失面积的百分比。

3.1.14 四荒资源 usable barren lands

具有一定生产潜力，并适宜进行水土流失防治的荒山、荒沟、荒丘及荒滩等土地资源的总称。

3.1.15 基本农田 capital farmland

能抵御一般旱、涝等自然灾害，保持高产稳产的农作土地。

3.1.16 坝地 farmland formed in silt storage dam

在沟道拦蓄工程上游因泥沙淤积形成的地面较平整的可耕作土地。

3.1.17 造林密度 density of plantation

单位面积上栽植树木的株数，以株/hm^2 表示。

3.1.18 造林保存率 survival rate of afforestation

符合规定的树木成活标准和密度标准的造林面积占累计造

林面积的百分比。

3.1.19　枯枝落叶层　litter

覆盖在林地上的枯枝落叶及其他动、植物残骸的统称。

3.1.20　郁闭度　crown density

树冠投影面积与林地面积的比值，一般用小数表示。

3.1.21　植被覆盖率　vegetation cover rate

在某一区域内，符合一定标准的乔木林、灌木林和草本植物的土地面积占该区域土地总面积的百分比。

3.2　效益

3.2.1　水土保持效益　soil and water conservation benefits

在水土流失地区，通过实施水土保持措施，保护、改良和合理利用水土资源及其他再生自然资源，所获取的生态效益、经济效益和社会效益的总称。

3.2.2　水土保持生态效益　ecological benefits of soil and water conservation

通过实施水土保持措施，生态系统（包括水、土、生物及局地气候等要素）得到改善，及其向良性循环转化所取得的效果。

3.2.3　水土保持经济效益　economic benefits of soil and water conservation

实施水土保持措施后，项目区内国民经济因此而增加的经济财富，包括直接经济效益和间接经济效益。

注：直接经济效益主要是指促进农、林、牧、副、渔等各业发展所增加的经济效益，间接经济效益主要是指上述产品加工后所衍生的经济收益。

3.2.4　水土保持社会效益　social benefits of soil and water conservation

实施水土保持措施后对社会发展所做的贡献，主要包括在

池塘　pond（被取代）

在沟溪内筑坝或利用地势低洼处拦蓄地表径流、山泉溪水的小型蓄水设施，蓄水量一般在 1000～100 000 m^3。

5.1.31　沉沙池　sediment deposition pool

沉沙凼　sediment deposition pool（被取代）

用于沉淀泥沙和清除水流中杂物的建筑物。

5.1.32　护岸工程　bank protection works

保护河湖海库的堤岸免受水流、风浪、海潮侵袭和冲刷所修建的工程设施。

5.1.33　拦渣工程　tailing hold structure

在开发建设项目基建施工和生产运行中，为防止弃土、弃石、弃渣及其他废弃固体物造成新的水土流失而修建的工程设施。

5.1.34　滑坡整治　landslide control

根据滑坡的成因、发育阶段及其特征，采取的排水、削坡、减载、反压、灌浆、锚固、支挡等预防和治理滑坡的生产活动。

5.1.35　泥石流防治工程　debris flow control works

在泥石流易发区，为预防和治理泥石流灾害而修建的工程设施。

5.1.36　防沙治沙工程　sandy desertification combating works

为防治风沙灾害、改造利用沙地、改善生态环境而修建的工程设施。

5.1.37　沙障　sand barrier

为控制风沙流、减轻风力侵蚀而设置的挡沙障碍物。

5.1.38　引水拉沙造田　water diversion for flushing sand dune

在风沙地区，利用水流能量冲蚀沙丘形成高含沙水流，输送泥沙淤填洼地，将起伏不平的沙地改造成平整农田，降低风蚀危害，改良土壤，开发利用沙丘土地的工程措施。

5.1.39　化学固沙　fixing sand by chemicals

通过掺入、喷洒或覆盖高分子有机化学物质，胶结沙面、固定流沙的方法和技术。

5.2　植物措施

5.2.1　水土保持植物措施　vegetable measures of soil and water conservation

在水土流失地区，为防治水土流失，保护、改良和合理利用水土资源，所采取的造林、种草及封禁育保护等生产活动。

5.2.2　水土保持林　soil and water conservation forest

以防治水土流失为主要功能的人工林和天然林。根据其功能的不同，可分为坡面防护林、沟头防护林、沟底防护林、塬边防护林、护岸林、水库防护林、防风固沙林、海岸防护林等。

5.2.3　水源涵养林　water conservation forest

主要用于拦截降雨径流、增强入渗、涵养水源、调节径流、防治水土流失，具有良好的林分结构和林下地被物层的人工林和天然林。

5.2.4　农田防护林　shelter belt on farmland

在农地周围营造的以防治风沙灾害、改善农业生产条件为主要目的的人工林。

5.2.5　风景林　landscape forest

以美化环境，供人休憩、游玩、欣赏自然景色为主要功能的人工林和天然林。

5.2.6　薪炭林　fuel wood forest

以生产燃料为主要目的而培育和经营的人工林和天然林。

5.2.7　经济林　cash forest

利用林木的果实、叶片、皮层、树液等林产品供人食用或作为工业原料或为药材等为主要目的而培育和经营的人工林或天然林。

5.2.8　复合农林业　agro-forestry

在同一土地经营单元上，把林木培养与农业有机结合起来的一种综合利用土地和空间的生产经营制度，如在林地行间、株间间作农作物、药材、蔬菜等。

5.2.9　等高植物篱　contour living hedgerow

为控制或减轻水土流失，在坡地上沿等高线种植的条状灌木带或草带。

5.2.10　水土保持种草　grass planting for soil and water conservation

在水土流失地区，为蓄水保土，改良土壤，发展畜牧，美化环境，促进畜牧业发展而进行的草本植物培育活动。

5.2.11　挂网喷草　spraying glass-seeds with net

在坡面上铺设尼龙网或其他纤维织物网，并喷播草籽或草籽营养物混合体，以预防和治理水土流失、保护坡面稳定的一种草被种植方法。

5.2.12　封禁治理　closing hillside for erosion control

对稀疏植被采取封禁管理，利用自然修复能力，辅以人工补植和抚育，促进植被恢复，控制水土流失，改善生态环境的一种生产活动。

5.2.13　固沙造林种草　vegetation measures for sand fixation

为固定流沙和阻挡风沙流危害、利用沙地资源而开展的种植林草的活动。

5.3　耕作措施

5.3.1　水土保持耕作措施　agriculture measures of water and soil conservation

在遭受水蚀和风蚀的农田中，采用改变微地形，增加地面

覆盖和土壤抗蚀力，实现保水、保土、保肥、改良土壤、提高
农作物产量的农业耕作方法。

5.3.2 等高耕作 contour tillage

在坡耕地上沿等高线进行犁耕和作物种植，形成等高沟垄
和作物条垄，以保持水土，提高抗旱能力的农业耕作方法。

5.3.3 沟垄耕作 furrow – ridge tillage

在坡耕地上沿等高线或在风蚀区垂直主风向开沟起垄并种
植作物，以蓄水、保土、防风的农业耕作方法。

5.3.4 垄作区田 ridge tillage and pitting field

将流失严重的坡耕地修筑成若干带状格田，或通过犁耕，
在坡耕上形成水平沟垄，并在沟内每隔 1 m～2 m 修筑土埂形
成田块，以保持水土、提高抗旱能力的农业耕作方法。

5.3.5 覆盖种植 covering cultivation

在坡耕地上和风蚀耕地上利用残茬、秸秆、地膜、砂石
等，增加地面覆盖，减轻水土流失的农业耕作方法。

5.3.6 免耕 non-tillage

在留茬地用免耕播种机播种，同时施加肥料、农药和除草
剂，减少土壤扰动，防止水土流失的一种农业耕作方法。

5.3.7 带状间作 strip intercropping

将耕地从坡上到坡下分成若干等高条带，或将风蚀地与主
风方向垂直分成平行条带，相间种植不同作物，如疏生作物与
密生作物、夏熟作物与秋熟作物或农作物与牧草的农业耕作
方法。

5.3.8 草田轮作 grass and crop rotation

将农地划分若干小区或地块，进行作物和牧草轮流种植的
土地利用方式。

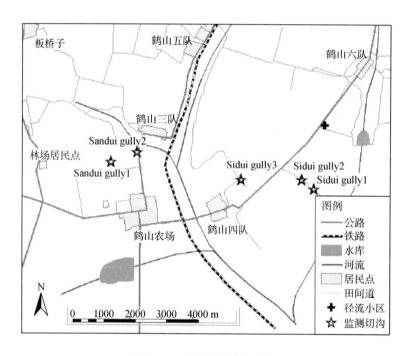

图 5 - 1 监测沟道分布示意

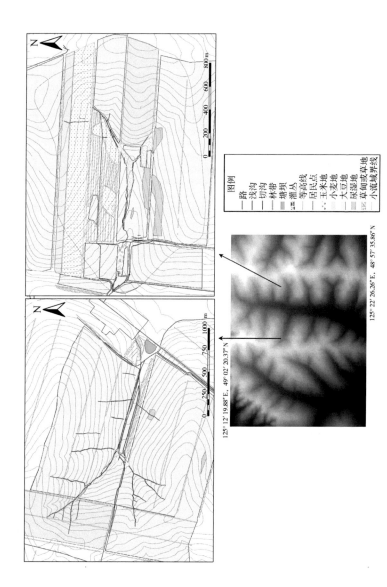

图 例
—— 路
—— 浅沟
—— 切沟
▨ 林带
▨ 塘坝
▨ 灌丛
—— 等高线
·· 居民点
▨ 玉米地
▨ 小麦地
▨ 大豆地
—— 尿湿地
▨ 草甸或草地
▨ 小流域界线

125° 12′ 19.88″ E, 49° 02′ 20.37″ N

125° 22′ 26.26″ E, 48° 57′ 35.86″ N

图 7－1 研究黑土区 DEM 和 2 号、8 号小流域土地利用及沟蚀（浅沟和沟道）示意

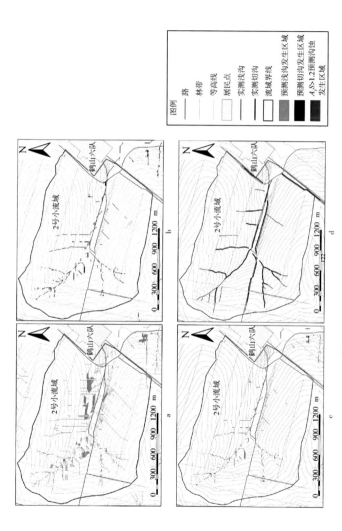

图 8 - 4　沟蚀地貌临界预测沟蚀可能发生区域及野外实际观测沟蚀发生区

注：a 地貌临界预测的浅沟分布；b 地貌临界预测的沟道分布；c 用 $A_s^{0.3108}S > 1.2$ 预测的沟道分布；d 实测浅沟和沟道分布。

图例

| 路 |
| 林带 |
| 等高线 |
| 居民点 |
| 实测浅沟 |
| 实测切沟 |
| 流域界线 |
| 预测浅沟发生区域 |
| 预测切沟发生区域 |
| $A_s S > 1.2$ 预测沟蚀发生区域 |